世界史及科學史大事紀對照年表

約西元前2500萬年
人類出現。

約西元前7000年
開始組成村莊。

世界史
科學史

約西元前40萬年
使用火及穿皮毛。

約西元前1萬5000年
開始農耕。

約西
埃及
印度
天文

約西元前3萬年
開始使用弓箭等工具。

約西元前7000年
養家畜及使用陶

約西
初次

西元1492年
哥倫布發現美
洲新大陸。

西元1517年
德國的馬丁路德
發起宗教改革。

西元1519年
麥哲倫開始環
繞地球。

西元1588年
英國擊退西班
牙無敵艦隊。

元前3
、巴
、中
觀測
器。

西元1541年
發現三次方程
式的解法。

西元1543年
維薩留斯寫了
《人體結構》。

西元1590年
荷蘭的詹森發
明顯微鏡。

西元1450年
古騰堡推廣
機械印刷。

西元1543年
哥白尼提出地球環繞
太陽運行的日心說。

西元1582年
教宗格里高利一世
制定格里高利曆
(現行的公曆)。

西元1600年
吉爾伯特
寫了《磁鐵》
一書。

New 뉴 과학은 흐른다 ❶

石器時代到古希臘，奠定科學基礎知識

漫畫STEAM科學史❶

中小學生必讀科普讀物
新課綱最佳延伸閱讀教材

鄭慧溶 Jung Hae-yong ── 著
辛泳希 Shin Young-hee ── 繪
鄭家瑾 ── 譯

【漫畫STEAM科學史1】

石器時代到古希臘，奠定科學基礎知識
（中小學生必讀科普讀物・新課綱最佳延伸閱讀教材）

作　　者：鄭慧溶（Jung Hae-yong）
繪　　者：辛泳希（Shin Young-hee）
譯　　者：鄭家瑾
總 編 輯：張瑩瑩
主　　編：鄭淑慧
責任編輯：謝怡文
校　　對：魏秋綢
封面設計：彭子馨（lammypeng@gmail.com）
內文排版：菩薩蠻數位文化有限公司
出　　版：小樹文化股份有限公司

發　　行：遠足文化事業股份有限公司（讀書共和國出版集團）
　　　　　地址：231新北市新店區民權路108-2號9樓
　　　　　電話：(02) 2218-1417 傳真：(02) 8667-1065
　　　　　客服專線：0800-221029
　　　　　電子信箱：service@bookrep.com.tw
　　　　　郵撥帳號：19504465遠足文化事業股份有限公司
　　　　　團體訂購另有優惠，請洽業務部：(02) 2218-1417分機1124

法律顧問：華洋法律事務所 蘇文生律師
出版日期：2016年3月1日初版首刷
　　　　　2019年3月6日二版首刷
　　　　　2023年7月25日二版8刷
ALL RIGHTS RESERVED
Printed in Taiwan

"Science Flows Vol. 1" written by Jung Hae-yong, illustrated by Shin Young-hee
Copyright © 2010 BOOKIE Publishing House, Inc.
Original Korean edition published by BOOKIE Publishing House, Inc.
The Traditional Chinese Language translation © 2019 Little Trees Press
The Traditional Chinese translation rights arranged with BOOKIE Publishing House, Inc. through EntersKorea Co., Ltd., Seoul, Korea.
This book is published with the support of Publication Industry Promotion Agency of Korea(KPIPA).

國家圖書館出版品預行編目(CIP)資料

（漫畫STEAM科學史1）石器時代到古希臘，奠定科學基礎
知識 / 鄭慧溶著；辛泳希繪；鄭家瑾 譯 – 二版. -- 臺北市：小
樹文化出版：遠足文化發行, 2019.03　面；　公分. --

譯自：New 뉴 과학은 흐른다 1
ISBN 978-957-0487-04-6(平裝)
1.科學 2.歷史 3.漫畫

309　　　　　　　　　　　　　　　　　　108001392

＊ 初版書名：《「漫」遊科學系列I：科學的起點》

線上讀者回函專用
QR CODE

立即關注小樹文化
官網

＊特別聲明：有關本書中的言論內容，不代表本公司/出版集團之立場與意見，文責由作者自行承擔

讓我們從歷史演變了解科學脈動，
從生活小事理解龐大科學概念。

從漫畫培養科學好感度、增加科學性思考

　　大家好！非常高興可以透過《漫畫STEAM科學史》跟台灣讀者見面。這本書大部分是在講科學的歷史，但是比起機械式的羅列複雜艱深的科學歷史，這本書主要介紹在科學發展的道路上，那些一路走來的科學歷史人物的時代、生活、想法跟努力。

　　那些為了要解開難以理解的自然現象，日夜不停幻想的人；為了要討生活過日子，每天處在困苦環境中，卻還是不曾放棄求知慾的人；還有那些生不逢時，一直不被世人所理解的人。就算這樣，他們還是抬頭挺胸、堅持理想。那些人在以前有各式各樣的稱謂，但現代都稱呼他們為「科學家」。因為有他們的一路走來，科學才能不斷進步，我們才能生活在把眼界擴展到宇宙的時代。

　　所以在本書中，你可以感受到每個時代不同的脈動，以及辛苦的科學家在跌跌撞撞中產生的想法以及他們走過的足跡。

　　所以先放鬆心情把書打開來，然後跟書中的人物一起同樂吧。這樣各位也能從漫畫中，產生對科學的好感、增加自身科學性的思考。這就是身為作者最大的盼望了。

　　謝謝大家！

作者　鄭慧溶、辛泳希

【導讀】

有趣的科學故事，讓你與科學家交朋友

站在古代人的立場思考問題

現在大家都熟知的自然法則或科學公式，是經過無數的努力和失敗後產生的。在讀這本書時，回想古代人是過著怎樣的生活，你應該會讚嘆：「哇！我們的祖先真聰明啊！他們那麼早就會使用這種方法了呀！要是我還做不到呢！」「為了解決這個問題苦思冥想這麼多年，真是太有耐性了！」如果能這樣從古代人的角度出發，多想一想古代的情況，你就會漸漸覺得這些科學史是多麼有趣了。

與歷史人物交朋友

亞里斯多德、托勒密、達文西……這些人為什麼會這麼有名呢？翻一下大百科全書……那些密密麻麻的字是不是很難理解？有時候簡直不知道上面寫的是什麼。不要怕，請翻開這本書，書中的科學家正想與你交朋友呢！他們會耐心的講解，讓你輕鬆明白那些令人頭疼的法則。

書中全是有趣的故事

中世紀時期的理髮師竟然會做外科手術，甚至還會解剖；阿拉伯數字其實是印度人創造的；幾千年前就有自動販賣機；發現浮力的阿基米德竟然是一個想把地球撬起來的狂人……這些故事你聽過嗎？這本書中全都是這樣有趣的故事。讀了這些故事以後，你就會發現科學原來這麼有趣。

從歷史與文明發展，理解科學的演進與變化

按照不同的文明、領域閱讀

　　如同不同人種具有不同的特徵，各個地區的文明由於自然環境和宗教信仰的不同，也有不同的特徵。即使在同一文明圈內，不同領域的發展程度也不同。古代文明是按照各地的文明來區分的。古代文明之後，科學有了細緻的區分，就開始按照領域來區分，比如生物學、物理學、數學等。不同領域的發展程度也不盡相同。本書就是按照不同的文明、不同的領域來說明科學的特徵和差異。

先了解時代背景，更容易理解當時的科學發展

　　在每一章節之前，都會先講時代的背景。例如：美索不達米亞文明為什麼重視占星術？為什麼文藝復興時期，人文主義最發達？黑框內的漫畫就可以幫助你了解時代的背景：美索不達米亞文明時期經常爆發戰爭，所以占星術發達；文藝復興時期國王的權力大於教會的權力，所以人文主義發達。黑框內的漫畫簡單的介紹了當時的歷史與時代背景，如果事先對這些時代背景有所了解，就能更容易理解那個時代的科學。

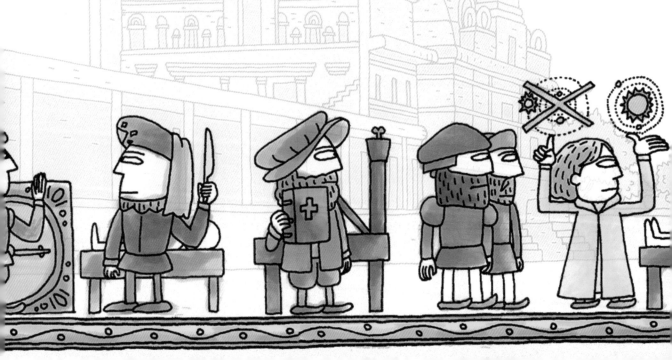

目錄

1・石器時代的科學發展：

教育與知識傳承，區別了人類與動物

2・古埃及與美索不達米亞文明的科學發展：

富饒的河流，孕育了兩大古文明

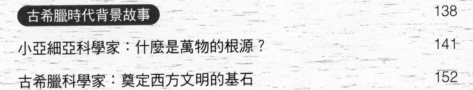

科學家小檔案

姓　　名：泰勒斯
生 卒 年：西元前624？～前546？
出 生 地：小亞細亞
主要領域：哲學、數學、天文學
著名思想：水是萬物的本源

姓　　名：阿納克西曼德
生 卒 年：西元前610～前546
出 生 地：小亞細亞
主要領域：哲學
著名思想：動物是海水與陽光相遇而創
　　　　　造、人類是魚的後代

姓　　名：阿那克西美尼
生 卒 年：西元前？～前525？
出 生 地：小亞細亞
主要領域：哲學
著名思想：氣體是萬物的本源

姓　　名：赫拉克利特
生 卒 年：西元前540？～前？
出 生 地：愛非斯
主要領域：形上學、認識論、倫理學、
　　　　　政治學
著名思想：萬物是不安定的流動、火是
　　　　　萬物的本源

姓　　名：畢達哥拉斯
生卒年：西元前582？～前497
出生地：小亞細亞
主要領域：數學、哲學
著名思想：畢達哥拉斯定理、數是萬物的
　　　　　本源、中央火與反地球概念

姓　　名：菲洛勞斯
生卒年：西元前470？～前400？
出生地：義大利
主要領域：哲學
著名思想：中央火與反地球概念

姓　　名：巴門尼德
生卒年：西元前515？～前445？
出生地：義大利埃利亞
主要領域：形上學、本體論
著名思想：存在是萬物的本源、不變宇
　　　　　宙觀

姓　　名：芝諾
生卒年：西元前490？～前430？
出生地：希臘
主要領域：哲學
著名思想：阿基里斯追烏龜概念、飛矢
　　　　　不動論

姓　　名：留基伯

生卒年：西元前？～前？

出生地：希臘

主要領域：哲學

著名思想：原子論

姓　　名：德謨克利特

生卒年：西元前460？～前370？

出生地：希臘

主要領域：哲學

著名思想：原子論

姓　　名：恩培多克勒

生卒年：西元前490？～前430？

出生地：西西里島

主要領域：醫學

著名思想：四元素論

姓　　名：希波克拉底

生卒年：西元前460？～前377？

出生地：希臘

主要領域：醫學

著名思想：四體液論、醫學氣候學

姓　　名：柏拉圖

生 卒 年：西元前427？～前347？

出 生 地：希臘

主要領域：形上學、知識論、倫理學、美
學、政治、教育、數學、哲學

著名思想：大宇宙與小宇宙論

姓　　名：歐多克索斯

生 卒 年：西元前408？～前355？

出 生 地：小亞細亞

主要領域：數學、力學、天文學

著名思想：同心球理論

姓　　名：亞里斯多德

生 卒 年：西元前384～前322

出 生 地：希臘

主要領域：形上學、邏輯、倫理學、政
治、科學

著名思想：自然的階梯、四因說

姓　　名：泰奧弗拉斯托斯

生 卒 年：西元前372？～前287？

出 生 地：希臘

主要領域：哲學、植物學、形上學、自
然史

著名思想：發展了亞里斯多德哲學

什麼是「科學史」？

大家好！

歡迎來到這裡學習「科學的歷史」。

嗯……科學的歷史？

簡稱為「科學史」。

首先來聽聽大家對科學史的想法吧！

請大聲說出你的觀點！

？

這是什麼？

啊！

不用這麼傷腦筋……

那我們就從這裡開始吧！

14

哇，真的好多呀。很有趣吧？

唉呀……

這算什麼啊？

你這個也叫科學？

你的更可笑？

啊，別打了。大家的想法都是對的。

不是啦，我沒有要袒護著誰……

我們周遭任何東西都與科學有關。

我們總結一下……

嗯哼，科學是……

我們身邊的一切……

你！你！講得準確一點！

我還沒講完呢！

重來！我們身邊的一切……

不要插嘴！

應該說「自然中的一切現象」！

為了了解它們的祕密…

是「以發現普遍的真理與規律為目標」！

嗚

而研究的學問！可以這麼說。

要說「有邏輯又有系統」！

都說要再準確一點了！

這個人真講究。想一想，現代科學真的很嚴格呢。

放開我～

呃啊！差了0.003公釐！

一般人都認為科學是很傷腦筋的學問。

數學的！精確度！

說到科學，很容易就認為是近代從西方傳入數學開始的。

我真的好怕這玩意！

呃啊！

討厭困難的東西！

但是回顧科學史，這種講究的科學不只在西方發展！

也不只有短短四百年的歷史，

在此之前，所有文明都有科學。

請看這個。

這是科學吧？

中國的指南針

這也是科學。

阿茲特克天體運動圖

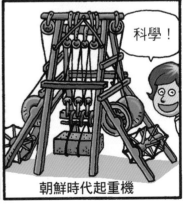

科學！

朝鮮時代起重機

這些東西是很久以前，人類為了解自然而製造的。但是並不是數學。

西方科學超越東方，是在17世紀科學革命興起時。

呀呼！超過你了！

但是不可以忽視以前的科學。

還有啊……我們只知道幾個科學家……

嗯，伽利略？牛頓？阿基米德？

用這麼精確的標準來看的話。

這種人就不能叫做科學家了吧？

你！10以下的算數都弄錯，不能算是科學家！

嗯？

我們把科學的範圍擴大一點來看。

從「人類開始想了解自然現象」講起。

最初人類害怕自然界，

上次也是看到這種鬼東西。

快跑！被鬼東西打到就死定了！

但人類開始替自然現象命名、想找出起因，

為何會有閃電？

笨蛋！你不懂嗎？神發脾氣，就把火杖給扔下來了。

哇！你知道的真多。

人類為了了解而開始努力，

樹又被雷劈了。

嗯⋯⋯難道是因為長太高，所以才經常被劈？

這就是「科學」。

要是豎起很高的東西，雷就會劈在那裡，那我們就安全了吧？

來試試看吧。

真的嗎？

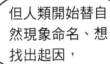

20

怎麼樣？
笑不出來了吧？

快點放開我！

我說過，不能用現代眼光來看歷史。

……

所以我們要了解為什麼古人會這麼想。

但是科學家也不是突然冒出天才的想法。

稅金

戰爭

宗教

學派

嗯

科學理論起源於當時生活的思考。

所以我們才要學習科學史。

從歷史事件中萌芽的科學，

還有科學家實際怎麼想、用什麼方法去研究，

一面學習這些事情，一面理解人類的科學和歷史。

快開始吧！

好，簡單的科學史介紹結束了。那麼，就進入正題吧。

翻開下一頁,讓我們進入石器時代,
看看原始人怎麼發現「科學」吧!

1

石器時代的科學發展
教育與知識傳承，區別了人類與動物

石器時代
為了生存而出現了工具

很久很久以前，經過不斷進化的人類，能用兩隻腳走路了。

可是這時，人類是非常弱小的動物。

咦？沒有角要用什麼打架？

也沒有銳利的牙齒……

嘖嘖，連毛都沒有怎麼過冬呢……

弱小的人類能夠存活下來……

咯呼呼呼呼

啪

砰

可能就是靠著偶然握在手裡的石頭。

人類拿起石頭或樹枝這種「工具」，就可以對抗比自己大的動物。

呱啦 呱啦……

哦，是嗎？

那……

這種情況呢？

？

救命啊！

轟！ 轟！

人多力量大！

救命啊！

隆隆轟隆

啊，糟了！

使用「語言」了解彼此想法⋯⋯

你們從後面攻擊。

大家攻擊！

互相幫助，就能存活下來。

等一下！不只人類，很多動物都會用工具啊！

沒錯。海獺會用石頭敲開蛤蠣殼⋯⋯你們猴子也會用樹枝不是嗎？

而且動物也會集體生活、分工做事啊。

我是只會工作的工蜂。

我是只會產卵的女王蜂。

啊嗚嗚～

而且動物也有基本的溝通。

媽媽叫我們吃飯了。

人類的特徵不能只用工具、集體生活、語言、合作等說明吧。

對啊。

但是人類還有「教育」。

太陽……太陽

動物也有教育啊。

是的，沒錯。但是動物的教育大多是為了傳授生存本能。

牠們生長期短，和母親共度的時期也不長。

所以教育期間也很短。

你已經6個月大，算是成年了，現在起獨立生活吧！

我已經長大了嗎？

29

相較之下，人類的童年特別長。

人類6個月才會抬頭。

吃奶吃很久。

養了10年也難以獨自生存。

只靠父母，很難照顧小孩。

連打獵都不行……

但人類集體生活，就可以互相協助。可以一起養孩子，而且一起生活，可以彼此交換各種知識。

這樣剝皮更方便。

真的？我以後也這樣做。

這樣就會發現更好的方法。

大家都可以用這個方法。

「透過教育將知識傳授給下一代」，就是人類和動物決定性的差異。

知識

所以人類的工具慢慢有了發展。

把大石頭摔碎，碎石的尖角比圓滑的石頭更好用。

有尖角的石頭在戳東西時更好用。

薄的石頭在切東西時更好用。

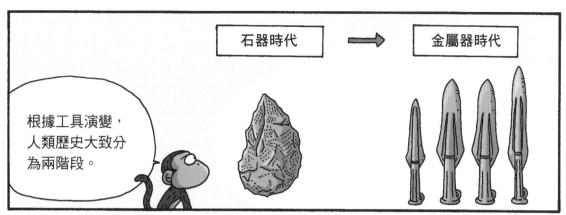

石器時代 ⟶ 金屬器時代

根據工具演變，人類歷史大致分為兩階段。

石器時代是西元前200萬年到西元前3000年。

包括了絕大部分的人類歷史。

石器時代按照製造方法可分為兩階段。

把石頭砸碎使用的時期叫做「舊石器時代」。

打造石器

西元前200萬年～西元前1萬年

用磨石頭方法做出石器的時期叫做「新石器時代」。

磨造石器

西元前1萬年～西元前3000年

舊石器時代人類要配合環境生活。

比如說，住在沒有樹木的地方，人類就要靠狩獵為生。

石槍和投石器等狩獵工具發展得就更快。

做成石槍如何？

挖陷阱好像也不錯……

為了度過狩獵和採集困難的冬天，

必須想出儲藏食物的辦法。

去年冬天，這樣處理的食物都沒壞。

今年為了不餓肚子，也曬乾存放吧。

舊石器時代人類，學會觀察自然，並從中學習。

一邊觀察自然，慢慢的開始得到自己想要的東西。

動物能在冬天行走，好像是靠這些毛。

那麼，我們也把這圍在身上看看。

在這種觀察和解決問題中，出現了最初的科學。

舊石器時代結束前，人類已經解決很多問題了。

這些物品，大部分的做法和現在一模一樣。

帳篷

獨木舟

籃子

衣服

魚鉤

魚叉

看看狩獵工具，觀察飛行運動，就知道怎麼發展技術。

這就是動力學的開始吧。

也知道了觀察空氣運動。

嘎！

而且舊石器時代的人還想出了咒術。

出去打獵前，在洞穴壁畫上狩獵的樣子。

不然就用土做出動物的樣子，用槍去刺……

喔！

也就是和自然對話，祈求在現實中也能這樣抓到動物。

這種就叫「感應咒術」。

看看，我的實力這麼強。

所以我才說你能抓到很多獵物呀。

33

圖畫得非常棒，由此可知這個時代已經有專門畫圖的人了。

好厲害！

專家的手筆啊！

這些畫顯示他們對動物的動作和生活觀察有多仔細。

這也是科學！

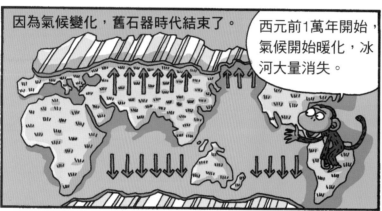

因為氣候變化，舊石器時代結束了。

西元前1萬年開始，氣候開始暖化，冰河大量消失。

新石器時代最具代表性的特徵，就是以打磨方式做出石頭工具。

更重要的是，也開始農耕了。

開始農耕對人類歷史來說有重大意義。

想一想，在這個時代的人眼中，

你在幹嘛？

農業是把能吃的東西埋在土裡，這是非常奇怪的事情。

即使知道種在土裡和收穫的過程，在缺乏農業技術的時代，失敗率很高。

全都爛了，本錢都沒了。

要能順利農耕，就得更了解植物。

……

隨著農業開始盛行,大家的生活方式也變了。

不必像以前只仰賴自然。

沒錯。以前不去狩獵,就只能餓死。

現在不用擔心了。我們可以種出東西來!

因此不管是多冷或多熱的地方,人類都能夠生存。

比起以前,就算土地小也能養活很多人。

定居的人也增加了。

還有……吃的東西也變多,所以會剩下。

沒錯。打獵的時候要每天工作,不然就會餓死。

現在只要在農耕季工作,其他時間可以休息。

隨著食物剩餘,也出現私有財產的概念。

我剩下好多食物,我好富有。

真好…

這個時期栽培出的作物有大麥、小麥、黍、蔬菜、水果。

為了得到纖維而種植亞麻。

印第安人還種了菸草、大豆、南瓜、番茄、馬鈴薯。

大麥

小麥

黍

蔬菜

水果

也開始飼養家畜

最早的家畜可能是狗。狗為了吃到骨頭和肉，跑到獵人身邊晃。

於是人們就發現可以養狗來打獵。

人們還養了很多用來打獵的動物。

新石器時代結束時，人類至少養了五種動物當作家畜。

家畜讓農耕和人類生活更豐富。

並不是人人都可以養家畜！必須了解動物的繁殖、疾病等才行。

新石器時代還發展出製作皮革和紡織的
技術，以及陶器製作。

這些是為了將重物拉
高而製作的工具。

滑輪

滾木

這些工具都是經
過數不清的試驗
後才做出來的。

輪子

定居生活發展出了村落文化。

群居生活會有很多必需品。

統一人們思想的宗教信仰也從此開始。

懂嗎？得到鹽的方法。

標準、規則、罰則等等……

教育、通訊等設施，接連被製造出來。

學校

這種村落文化在新石器時代後期發展成國家制度。

農業愈是發展，人口就愈多。

為了維持秩序，所以有了國家。

在邁向青銅器時代前，有幾個國家創造了璀璨的古代文明。

接下來就為大家介紹幾個重要
的古文明，繼續往下看吧！

2

古埃及與美索不達米亞文明的科學發展

富饒的河流，孕育了兩大古文明

古埃及和美索不達米亞背景故事

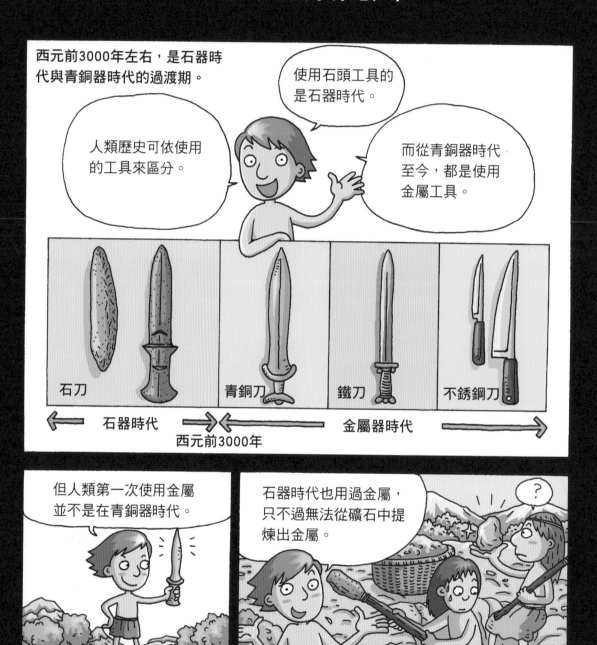

西元前3000年左右，是石器時代與青銅器時代的過渡期。

使用石頭工具的是石器時代。

人類歷史可依使用的工具來區分。

而從青銅器時代至今，都是使用金屬工具。

| 石刀 | 青銅刀 | 鐵刀 | 不銹鋼刀 |

← 石器時代 → ← 金屬器時代 →

西元前3000年

但人類第一次使用金屬並不是在青銅器時代。

石器時代也用過金屬，只不過無法從礦石中提煉出金屬。

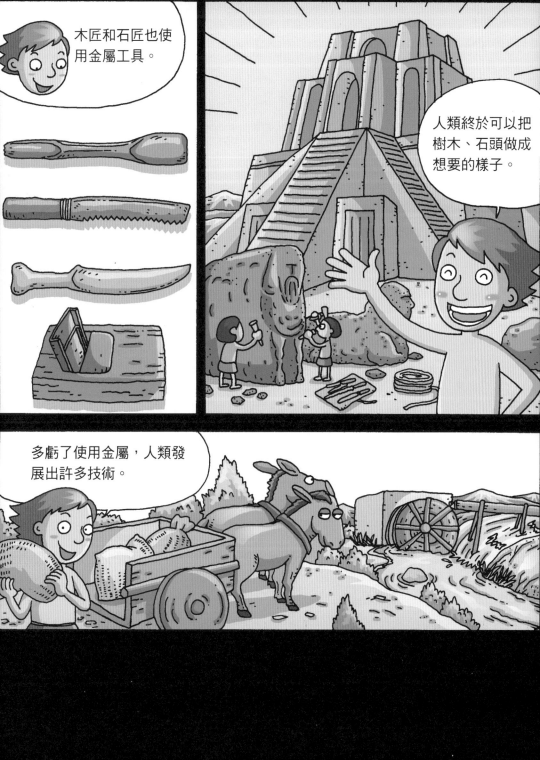

青銅器時代起，開始形成許多古代國家。

為什麼呢…

要挖出金屬再加工，需要聚集很多人，形成國家也是理所當然吧？

不是的，是這麼多人聚居的話，需要某些條件。

古代國家都誕生在自然環境好的地方。

大部分古代文明都出現在河邊。

因為發生洪水的時候，洪水帶來的土壤讓土地變得肥沃。

缺乏農耕技術時，在大河邊耕作是很有利的。

隨著祭司權力增長，以神殿為中心的專門官吏也出現，形成都市。

49

開墾農地、引水灌溉、開礦等等，

需要數學、天文學、物理學等，知識才能實現，

也需要許多人員和計畫性管理。

要有這些條件，才能產生文明和古代國家。

目前部分太平洋島嶼、北美、北極、巴西密林等地，

還有沒進入青銅器時代的部落。

他們的文明還停留在石器時代，是因為沒有具備進入青銅器時代的條件。

真的需要很多條件配合，才能產生文明。

最早發展出文明的古埃及和美索不達米亞，就是最先擁有各種條件的地方。

古埃及和美索不達米亞就位於河邊的肥沃土地上。

我們在幼發拉底河和底格里斯河之間。

美索不達米亞就是兩河之間的意思。

我們在尼羅河邊。

因為四周都是沙漠，大家必須住在一起。

整整齊齊。

不要擠！超過這裡就是沙漠了！

雖然住在河邊，但是河水不是太多就是不夠。

啊，這水真可惡！

雨季——氾濫

拜託……給我水……

乾季——水不足

古埃及文明
注重「實用性」的科學

古埃及的科學非常重視實用性。

尼羅河周邊的都市慢慢茁壯。

這裡是人類建造的都市嗎?

住在這裡好方便,什麼都有。

我們全家都應該搬過來。

但是每年不是都會有洪水嗎?

西元前3100年左右,埃及成了統一的國家。

從遠看,尼羅河上游的上埃及和下游的下埃及勢力合而為一。

上埃及

下埃及

這裡也是南北統一!

因為治理尼羅河的洪水必須要統一眾人之力。

什麼?是你們上游的水壩蓋得差!

是你的錯啦!

那麼,現在洪水減少了嗎?

人類最先出現的國家是埃及，有3000年以上的歷史。

什麼？3000年？

這麼久？怎麼做到的？

這就要歸功於埃及的自然環境。

觀察埃及的土地可以發現，它是以尼羅河為中心的狹窄帶狀。

正如所見，北面是海，其他都是沙漠，敵人難以入侵。

因此埃及人過了很久很久的和平生活……

這樣埃及人也很難到外地發展啊。

是啊，但是去外面要做什麼呢？

尼羅河每年洪水氾濫，帶來肥沃土地。

沒有敵人就可以安心度日了。

沒有比我們發展得更好的文明了。

有什麼了不起

自大

就這樣，古埃及人在不接觸外人的狀況下，發展出了文明。

哇哈哈哈哈哈，我們是最棒的！

交流？改變？不需要啦！

真是井底之蛙。

天啊，您真有學識，連這種成語都知道。

農業是實現自給自足的基礎。

啦啦～

農為天下之本

自然而然，古埃及人非常關心尼羅河氾濫的時間。

又是氾濫的時候了。

專注

洪水開始氾濫的7月，被當成新年的第一個月。

尼羅河就是他們生存的基礎。

尼羅河氾濫提供了農業必要的水源。

一年可以收成三次……

幸好，尼羅河氾濫的時間很有規律。

大概是天狼星出現的時候吧。

來了！大家準備泳衣吧！

研究認為，古埃及人可以預測自然現象。

好好觀察，適當避難的話……

在尼羅河建水壩是非常辛苦的工程。

這邊的堤防是你的土地，你來堵。

不要！為何只有我在做？太長了啦。

國王必須很有能力，才能指揮這項工作。

停！

我來指揮。這一邊比較短，所以你們一起做。

剩下就由國家來做。

好！

國王也決定了度量衡基準。

稅金一桶就好了吧？

一桶是這麼大！

也製造了貨幣。

用金子做成大小、重量不一的戒指形狀。

當然也還有以物易物。

為了記錄國事，於是發明了文字。

最初神官為了輕鬆記錄收稅狀況，而發明文字。

嗯，兩籃魚，一百個無花果。

於是開始記錄歷史。

今年豐收，所以辦了宴會，但法老王拉肚子……

不是說別記那件事了嗎？

古埃及人用「莎草紙」來記錄事情。

尼羅河裡有很多類似蘆葦的植物。

可以做出像紙一樣的東西。

用植物莎草的莖來造紙。

①剝下外皮。

②把柔軟的內芯切片。

③交錯重疊，鋪上麻布後用木槌或石頭敲打成形。

莎草紙從右向左寫，捲起來保管。

從西元前3500年到9世紀左右，埃及一直使用莎草紙。

歷史和傳統閃閃發光！

紙的英文(Paper)也是來自莎草紙(Papyrus)。

西方開始造紙前，使用羊皮紙。

其實是因為無法從埃及進口莎草紙，想出來的替代品。

古埃及文字一開始是像圖畫的象形文字。

要抓住特徵來畫！

這還不像貓頭鷹嗎？嗚嗚……

這些圖案漸漸文字化。

是為了表達事物或抽象概念。

雖然一個符號也可以表示一個名詞，但……

禿鷹　蘆葦

手臂　兩棵蘆葦

腿　門

不同音節的字，結合在一起就成了單詞。

只用圖畫表示會受限制。

把圖畫文字、音節文字、字母混合，造出700多個字。

哇，那這些字背起來什麼時候用？

這你就不知道了吧，象形文字是很神聖的，所以必須很複雜。

象形文字(神聖文字)可以從右到左、左到右、上到下來寫。

不是人人都能用！懂得使用的人通常擁有特殊地位。

好卑鄙的想法！

但是這種象形文字並不適用其他國家的語言。

所以書寫外交文書或契約、信件的時候使用神官文字，也稱為「僧侶體」。

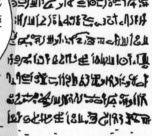

神官文字，由右向左寫。

這是神官主要使用的文字吧？

沒錯！但是後來出現一般人能夠使用的文字，因此形成三種文字。

神官文字最早使用字母原理，是西方字母的基準。

象形文字
(用在國家紀念碑、宗教文書)

神官文字
(契約書、帳簿、公文)

民用文字
(商人使用)

開始有數字的十進位制。

以0～9為基礎，靈感大概來自手指和腳趾。

𒈙	𒈙𒈙𒈙𒈙	𒈙𒈙𒈙𒈙
1	4	8
∩	∩∩	∩∩∩∩
10	40	80
୨	୨୨	୨୨୨୨
100	400	800
𓆼	𓆼𓆼𓆼𓆼	𓆼𓆼𓆼𓆼
1000	4000	8000

1、10、100、1000都有各自的記號，並反覆使用。

這些數字的讀寫十分複雜，比如這幅畫。

象徵國王的老鷹抓著六枝荷花(象徵1000)，因此讀作「國王抓了6000名俘虜」。

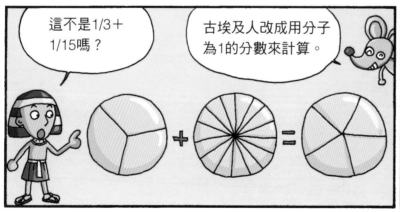

完整保留的只有《萊因德紙草書》、《莫斯科紙草書》。

《萊因德紙草書》完成於西元前19世紀左右，

可以算是數學課本。

它包含了分數表、10進位表、規定工錢的方法等。

還記載了分麵包的方法、求得糧食倉庫大小、金字塔傾斜、貴金屬重量等問題。

好實用啊！

是吧？這種實用性就是古埃及數學的特徵。

我和鄰居的土地界線被沖走了。

從那棵樹開始構成直角三角形的樣子，對吧？

非常適合解決實際生活中的問題。

出大事了！因為上次的洪水氾濫……

現在可以了吧？

哇，謝謝你！

你用什麼原理量出直角的？

不知道！

要原理幹嘛？結果正確就好啦！

只要有根繩子，三角形、平行四邊形、六角形都輕而易舉。

一根繩子就搞定！

金字塔的斜率和圓周率都算得出來。

所以古埃及數學並沒有建立公式或定理。

古埃及人的實用性也出現在其他科學領域。

天文學也是為了知道時間而研究的。

我們埃及比其他古代國家都更在意時間的計算。

因為我們必須知道尼羅河的氾濫週期。

這裡的關鍵是天狼星。

這顆星星要是在日出前出現，尼羅河就要氾濫了。

所以我們觀察星象，決定時間和日期……

暫定一天是兩次天狼星出現之間的長度。

一天的長度

把一天分為早上12小時、晚上12小時。

夜晚　白天

為何分成12個小時？

1點
2點
3點
4點
5點

間隔是1小時

因為把晚上出現的星星分組，

各組出現的時間差大概是12個小時左右。

實際上有18組星星，但是日出日落時看不到星星，因此只用了12組。

所以我們有個表，註明什麼星在什麼位置是幾點鐘。

喂！我們是咕咕鐘嗎？

嗯，3點了。

咕咕
咕咕
咕咕

還有，白天看不到星星，就用日晷。

一開始是這樣子。

後來做了有刻度的日晷。

但是陰天要怎麼使用日晷呢？

陰天使用水鐘。

定量的水經過底部的孔滴落，再測量減少的水量。

裡面有刻度。

底部有洞讓定量的水滴落。

水鐘的時間長度是固定的，

但是日晷和星星鐘的一個小時長度，會隨季節變化。

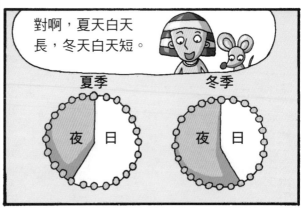

對啊，夏天白天長，冬天白天短。

夏季　　　　冬季

夜　日　　　夜　日

所以每個時鐘上，都刻了春分、夏至、秋分、冬至的基準。

確認當天接近哪個基準，讀出時間來。

古埃及人一開始使用的曆法是太陰曆。

一個月29或30天。

這是以月亮盈缺週期29$\frac{1}{2}$天為基礎。

但是這樣一年12個月只有354天。

365天

354天

所以每兩、三年一定要有閏月，很麻煩。

閏月

古埃及官吏就想出了新的曆法。

既然建立了王朝，就需要簡單的曆法。

也就是測量從這個夏天，到下一個夏天的太陽曆。

①在地上插根棍子。

②測量正午時分的影子長度。

③一年之中影子最短的是夏至。

太陽曆一年有365天……

古埃及人一週為10天，一個月30天，一個季節4個月來計算…

分別稱做氾濫季、播種季、收穫季。

氾濫季

播種季

收穫季

發明了容易理解又實用的360天曆法。

等一下！不是說太陽曆一年有365天嗎？還有5天呢？

太陽曆

對啊，這5天就當作慶典，玩耍就好了。

呼呼！

但是精確的說，一年的週期是 $365\frac{1}{4}$ 天。

所以太陽曆每4年有1天的誤差。

200年後

快來啊！

太陽曆

一起走！ 節氣

50天

50天耶！

200年後就有50天的差距了？

那怎麼辦？要快點修改啊！

是啊，修正這個誤差最簡單的方法，就是200年後加上50天。

但是古埃及人不想這麼做，又想出了新的曆法。

這次的標準是什麼？

就是埃及最關心的天狼星。

這個曆法是以天狼星出現在日出之前的時候為準，制定一年。這樣剛好是 $365\frac{1}{4}$ 天。

古埃及人交換使用這三個曆法。

嗚嗚，不能只用一個嗎？頭痛啊！

太陰曆　太陽曆　天狼星曆

唉，要確定一年的長度這麼複雜啊！

結果，古埃及人在西元前500年左右，發明了合併太陽曆和天狼星曆的曆法。

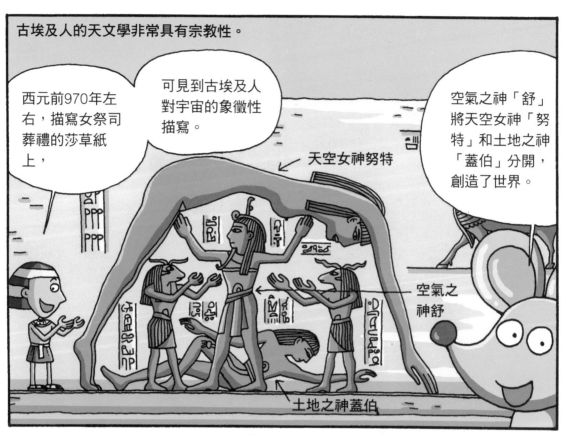

古埃及人的天文學非常具有宗教性。

西元前970年左右，描寫女祭司葬禮的莎草紙上，

可見到古埃及人對宇宙的象徵性描寫。

空氣之神「舒」將天空女神「努特」和土地之神「蓋伯」分開，創造了世界。

天空女神努特

空氣之神舒

土地之神蓋伯

和埃及狹長的領土一樣，我們頭上的天球也是狹長的箱狀。

古代的宇宙觀，都反映了自己的環境。

支撐天球的四座山

→ 地球

→ 宇宙之河

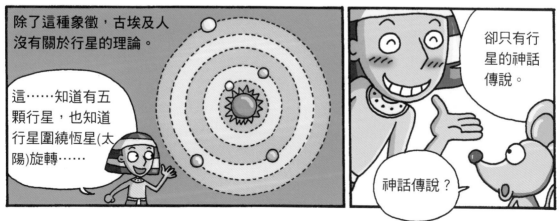

除了這種象徵，古埃及人沒有關於行星的理論。

這……知道有五顆行星，也知道行星圍繞恆星(太陽)旋轉……

卻只有行星的神話傳說。

神話傳說？

就是呢，你知道這個吧？行星是荷魯斯神不斷變化的模樣。

因此木星是荷魯斯神照亮大地的模樣。

土星是黃牛一樣的荷魯斯神，火星是出現在地平線的荷魯斯神。

傍晚出現的水星是荷魯斯神在預知惡兆。

危險！

太陽？太陽是太陽神乘著金色的船由東往西移動的樣子。

日蝕不是蛇把太陽給吞了嗎？

古埃及天文學貼近宗教是有理由的。

因為古埃及的天文學家大部分都是神官。

比起宇宙，神官有更關心的事情。

是什麼呢？請猜猜看！

那就是「來世」。

知道吧？說到埃及就是金字塔和木乃伊！

埃及人相信死人會復活。

這可糟了呀～

屍體腐爛了，就沒有辦法回去了。

68

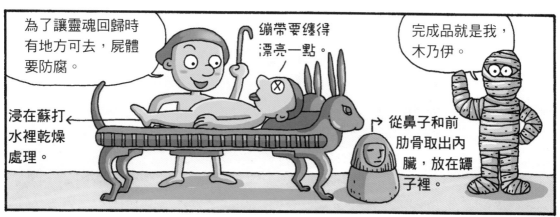

為了讓靈魂回歸時有地方可去，屍體要防腐。

浸在蘇打水裡乾燥處理。

繃帶要纏得漂亮一點。

從鼻子和前肋骨取出內臟，放在罈子裡。

完成品就是我，木乃伊。

那麼古埃及的醫學很發達吧？

這倒是沒有。

應該懂得解剖學。

木乃伊只有宗教意義。

醫生和木乃伊製作者不同，所以醫學沒有因此發展。

古埃及初期的醫生在治療上使用很多巫術。

醫生大部分也是神官出身。

所以認為疾病是魔鬼造成的。

使用小的模型或動物、護身符，把病魔轉移過去，來治療患者。

還不趕快到這裡來！

醫生為了驅逐病魔，會給患者吃嘔吐劑或瀉藥，清理體內。

來，喝這個把魔鬼趕出來。喝吧！

好難喝。

之後慢慢出現專門的醫生。

我是石頭專家。

我是打架專家。

我是人體專家。

我們古埃及人做什麼事都喜歡專家。

石匠　軍人　醫生

像這樣，醫生也被認為是技術嫻熟的專家，

因此醫生慢慢開始分類。

如牙醫、外科醫生、眼科醫生、胃腸科醫生等。

我主要治療牙齒。

我是治眼睛……

古埃及的醫學文件有一部分流傳下來。

西元前2600多年左右，左賽勒王的御醫★印何闐的資料也被保存下來。

最出名的是西元前1700年左右的《埃伯斯卷本》和《埃德溫·史密斯卷本》。

★御醫：在宮中為國王和王族治病的醫生。

《埃伯斯卷本》是一本醫學全書★。

記載了大約877種疾病的治療方法。

其中巫術治療只有12種，可見已經有科學性的診療法。

★全書：針對某個領域的著作物，或系統化撰寫全部事實的書。

70

此外，古埃及醫學還流傳下來外科手術工具。

使用的是刀、鋸子、燒灼器、鉤子等工具。

還首次製作了藥材目錄。

我們從大自然中尋找疾病發生的原因和解決方法。

主要是從植物、礦物、動物中獲得藥材。

但跟醫學比起來，其他科學領域不算發達。

因為我們不看重非實用的東西……

所以跟生存無關的東西都不發達。

嗯……務農時使用的槓桿取水技術值得炫耀……

利用尼羅河進行水路貿易，還製造出了26.4公尺長的大船。

還有什麼值得驕傲的事物嗎？

還有金字塔呀。

對！不能漏了這個！

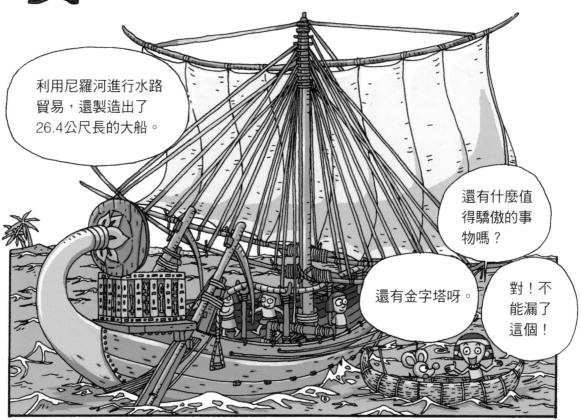

金字塔是一種宗教建築物。

是被視為神的法老王的墳墓，

也是送他上天的階梯，是按照陽光往下照射的樣子修建的。

埃及建築用的木材很少。

沙漠裡怎麼會有大樹？

又不能從別的國家進口，就只能利用最容易找到的材料了。

古埃及人很早就能熟練的使用石塊。

要把大石塊分開的話，就鑽個洞把木釘打進去。

持續往裡面灌水的話，木釘發脹石頭就裂開了。

這個方法100年前還用於採石作業。

喀嚓

分割後的石頭，最小也超過2.5噸。

古夫法老王的大金字塔是用230萬塊石灰岩建造的。

哇！為什麼做這麼大啊？

因為它象徵法老王的權威，所以越大越好。

73

另外，雖然當時沒有向上拉石頭的滑車，

但是在建築上留下了利用輪子的痕跡。

這個建築物的傾斜角是怎麼算到剛好合適的呢？

嗯？想知道金字塔傾斜角的計算法啊？

嗯，先確定底部，用金字塔的高度除以底邊的寬度，得到的結果乘以7，再除以2就行了

停！可以了。

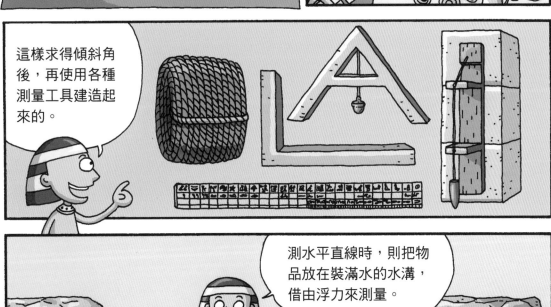

這樣求得傾斜角後，再使用各種測量工具建造起來的。

測水平直線時，則把物品放在裝滿水的水溝，借由浮力來測量。

美索不達米亞文明

緊密的占星術與天文學

從戰爭中發展起來的文化。

在底格里斯河和幼發拉底河之間的新月形土地。

美索不達米亞的意思就是「兩河之間的土地」。

黑海

底格里斯河

幼發拉底河

地中海

因為地形開放,和外界的交流很多。

我們和埃及那群井底之蛙不同,知道要接受新思想和新知識。

什麼?

入侵情況不斷。

哇!又打仗了?為什麼不能放過我們?

這麼肥沃的土地,又沒有障礙物,怎麼能放過呢?

轟隆隆

因此，許多民族反覆的興盛、滅亡。

78

這樣記著記著，圖慢慢抽象化，最終發展成表音文字。

表示一個一個的音節。

形狀很像楔子，因此稱為楔形文字。

「國王」這個符號的演變過程。

古埃及文字很難表示其他國家的語言，

楔形文字因為可以書寫任何語言，所以被定為中東地區的外交公文用字。

我們怎麼這麼倒楣？

哼！

寫字的黏土板晾乾後就可以保存了。

但黏土板比紙厚又重，保管起來很麻煩。

為了保存黏土板，很多地方設立了保管所。

幸虧如此，所以很多紀錄流傳到現在。

在尼尼微★發掘出保存了25000塊書板的地方。

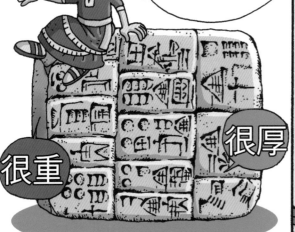

很重

很厚

古埃及人發明了圖書，我們發明了圖書館。

★尼尼微：位於底格里斯河東岸，在今日伊拉克北部城市摩蘇爾附近。

除此之外，我們還可以透過宮殿或紀念碑上的雕刻，了解當時的情況。

真了不起，歷經無數戰爭也沒有被毀滅。

飽受戰爭之苦，生活已經很艱難，而每年隨時氾濫的洪水更讓我們受折磨。

唉呀！房子沒了，神廟也沒了，還遭受水災……

真是雪上加霜！

埃及有自然環境保護，不容易受外界入侵，

洪水氾濫也很有規律，因此很適合生活。

幸福啊幸福

比起來，我們就太倒楣了。動不動就發生戰爭，洪水還隨時氾濫……

老天真不公平！

未來能預測嗎？

當然可以。天上的星星、月亮、太陽都是神為人類創造的。

懂了嗎？

妳是說，仔細觀察星星的位置，

就可以知道國家大事、農耕、祭祀等事情嗎？

對，只要能測出星星的軌跡，就能提前知道神為人類安排的命運。

為了預測未來，美索不達米亞的占星術就此誕生了。

這樣的星星占卜，在現今的報章雜誌上也很常見。

嗯，我這個月財運不好。

喂喂，也看一下我的運勢。

我是天蠍座的。

可以預測國家的興亡。

彗星！這是要發生動亂的徵兆！

也可以預測個人命運。

我能交個漂亮的女朋友嗎？

一定要漂亮的嗎？

再多付點錢也許可以……

因此，我們的天文學主要是觀測星星出現的時間和位置，用以計算星星運行的速度。

先把星星的速度畫成圖表。

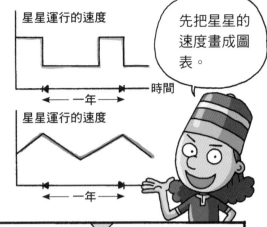

星星運行的速度

一年 → 時間

星星運行的速度

一年

再計算出速度的變化。

位置
加速度
速度
日期

木星
運行表

在西元前410年左右，我們做出了呈現人類出生時，星星位置的天宮圖。

因為可以事先知道行星的位置，生活上就更依賴占星術了。

這是我生的那天的天體圖。

什麼嘛？美索不達米亞人的天文學就只是占星術？

不是這樣的。

很迷信嘛！

怒！

地球是倒扣的船隻模樣，陸地被大海包圍；

天空和大地相交的地方由土塊來支撐天空。

雖然有些迷信，但是我們的宇宙觀比古埃及更詳細、更實用。

跟我們埃及的差不多嘛！

84

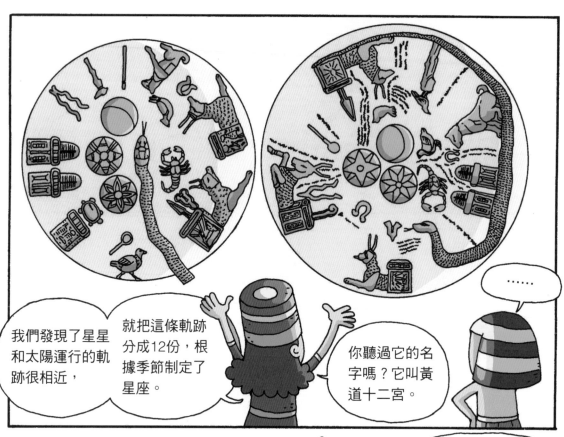

我們發現了星星和太陽運行的軌跡很相近，

就把這條軌跡分成12份，根據季節制定了星座。

你聽過它的名字嗎？它叫黃道十二宮。

……

還修建了一種稱為「塔廟」的大型建築物來觀測天體。

還使用了類似子午儀的專門器具。

什麼呀，不怎麼樣嘛！

你說不怎麼樣？

美索不達米亞的數學怎麼樣呢？

認真

鑽研

數學已經發展到可以預算出天體的位置了。

喂，別再提天文學了。

86

好吧，那就先說這個吧，美索不達米亞人同時使用六十進位制法和十進位制法。

六十進位制法，就跟十進位制法，以10個為一組進行進位一樣，

> 10個
> ＝1組
> ＝1.0

> 1.4
> ＝10＋4
> ＝14

以60個為一組進行進位的方法。

> 60個
> ＝1組
> ＝1.0

用這個方法的話，120就變成2.0了。

> 1.4
> ＝60＋4
> ＝64

表示這些數的數字符號只有兩種樣子。

表示1、60、3600等數字。

→1×60ⁿ的數

表示10、600、21600等數字。

→10×60ⁿ的數

只用這兩種符號表示數字，

而且沒有0的概念，所以呈現數字時就比較複雜。

1	2	3	4	5
6	7	8	9	10
11	20	21	30	40
50	60	100	120	200

87

這種數字表示法
經常讓人讀錯。

例如這個
數字……

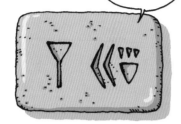

如今很難正確解釋。

這個是1＋24
嗎？要不就是
60＋24？

這個嘛……我
也不知道。

只能根據前
後的情況來
判斷。

美索不達米亞人使用六十進位制
法的原因，有好幾種說法。

因為有許多民族生活在
這裡，計算的方式也都
不同。為了統一，約數
最多的60是最好的。

不是啦！是因為月亮圓
缺的日子是30天，所以
就用它的兩倍。

才不是！是因為
60是幸運數字！

直到現在，時間單位和刻度等還留有六十
進位制法的痕跡。

爸爸，為什麼
一小時不是100
分鐘，而是60分
鐘呢？

那得去問問
美索不達米
亞人了。

記載美索不達米亞數學的書籍大
部分是實用書。

用以解決度量衡、
稅收、神殿基礎工
程、引水渠和城牆
等問題。

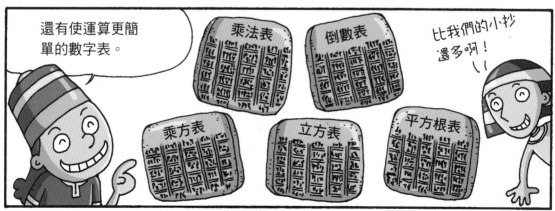

還有使運算更簡
單的數字表。

乘法表

倒數表

比我們的小抄
還多啊！

乘方表

立方表

平方根表

但是這種修正方法不準確。

哎呀！算著算著就算錯了！

根本沒用！

以後再也不用天體現象來測定時間了！

不管了！一年就是360天！

一週7天！一天24小時！天空是360度的圓。

錯了的話，就用每八年一次閏月來調準日期。

有什麼不滿嗎？

我們輕輕鬆鬆創造的時間單位至今還在用呢。

喔～是這樣啊！

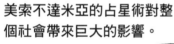

美索不達米亞的占星術對整個社會帶來巨大的影響。

當然，醫學也一樣，醫生就像占卜師。

醫生治療患者時也使用巫術。

他們認為疾病是惡魔搞的鬼或是罪惡的化身。

嗚嗚，肚子疼。

嘖嘖

惡魔進了你的身體。來，吃下這瓶藥。

平時做人要善良啊。

這是什麼藥啊？

瀉藥啊，讓胃上下翻滾，把惡魔趕出來。

什麼呀？開點有用的藥啦。

藥不過是讓你少疼一點，並不能治病。

哎呀～我的肚子……那可以不吃藥嗎？

為什麼不吃？醫生也吃藥啊，我們吃植物的根、莖、果實、葉子等。

或者吃白礬、石粉、鹽之類的礦物質，或者吃動物的部分身體。

快給我！

別著急。草藥不是完全一樣的。

十五日，月亮升起時或者升起前的神聖時刻採的藥，效果才好。

離十五還有3天。

我等不了了！沒有之前採的草藥嗎？

呃……是有一點……那麼……再稍等一下。

等什麼？

熬藥的時候要有純真的小孩在，藥效才會好。

我去把侄子叫來。

91

等一下！

我就是小孩子啊，我不行嗎？

呃……這樣啊，那好吧……

你又在幹什麼？

一個兩個……

嗯……加一點芝麻入藥……放3粒或7粒或21粒可以提高藥效。

……

我不要吃藥了。

不吃就算了，反正我說過吃藥也沒用。

你這樣算什麼醫生啊？肚子好疼！

別擔心，我會好好醫治你的。

你牽頭山羊來做什麼？

你會得病，是因為你得罪了神。因此，要拿一隻羊來哄神開心。

咩咩～

現在我用占卜的方法向神求藥方。

醫生通常看著羊的肝臟進行占卜。

嗚嗚～

醫生用動物的肝臟進行占卜，是因為他們認為血液聚集在肝臟，跟健康關係密切。

這是我自己冥思苦想的結果。

肝臟的模樣

用肝臟研究動物內臟的傳統一直延續到古羅馬時期，這構成了動物解剖學的基礎。

看著肝臟的樣子，背誦事先規定的治療方法。

嗯……背2號咒文。

1號囊
2號囊
3號囊
4號囊
5號囊
6號囊
7號囊
8號囊

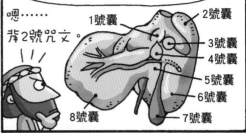

雖然當時有外科工具，但是基本上不做外科手術。

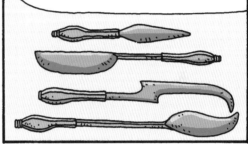

喂！別走啊。我找到治療方法了。

我不治了。

醫生使用巫術……

那是因為與醫生相關的法律很嚴格。

有什麼影響嗎？

例如：醫生根據患者的身分，收取不同治療費。

太貴！

太貴！

主人付錢，貴不貴無所謂。

領主
10錫克爾

自由人
5錫克爾

奴隸
2錫克爾

因此，誤診時接受的懲罰，也會因對象不同而異。

不是說我……

哼！你也出事了吧！

治死奴隸賠償一名奴隸就好。

治死領主就要被砍斷雙手。

啊～

因此只能慎重行事。要祈求神的保佑。

美索不達米亞醫學的另一個特徵是有獸醫。

獸醫的治療方法比較科學吧？

獸醫也使用很多的巫術和詛咒。

人跟動物生病的原因差不多。

唉……

治療動物時也使用占卜術，所以積累了很多關於動物的知識。

為數百種動物命名並整理出目錄，

我正煩惱這麼多東西該怎麼整理。

因此進行了最早的動植物分類。如旁邊的圖示，動物分為四種。

魚類

水生生物類

狗類(狗、鬣狗、獅子)

馬類
(駱駝、馬、驢)

植物也被分為草和樹木。

草藥是一類，類似果實的植物分為一類。

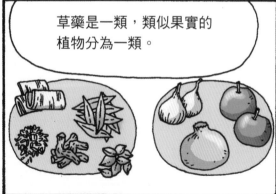

另外，還知道植物分雌性和雄性。

真的嗎？

你不知道嗎？椰棗的雌樹和雄樹是分開生長的。

只有這兩棵樹離得很近時，雌樹才能結出果實。

雄樹　雌樹

我們村裡的3歲小孩都知道……

美索不達米亞人主要以磚塊建造建築物，規模很大。

我們國家的樹木和石頭很貴重。

所以磚塊用泥土和稻草混合做成。

例如塔廟。

意思為「高處」的塔廟，是外形像金字塔的神殿。

它代表古代都市國家的權威，地位類似《聖經》上的巴比倫塔。

位於吾珥城★、供奉月亮神的塔廟非常大，有三道台階，每道100級，基底面積為2944平方公尺。

★吾珥城：古代美索不達米亞南部的城市。

建築物使用了多種建築技術。

建築技術太出色了。

圓頂　拱門　圓柱

還使用了減輕建築物重量的技術。

塔廟的中間部分是突出的，

稱為「柱微凸線技法」。為了承受上層重量的壓力，而將中間部分加厚。

此外，與戰爭有關的科學都很發達。

因為戰爭太多……

又發生戰爭了……

為了製造優良的武器，冶金術非常發達。

好好打鐵才有活路……

一名馬夫、一名持盾牌的戰士和兩名弓箭手。

為了抵禦騎兵的攻擊製造出戰車。

當時的馬具卻限制了馬的體能。

四匹馬。

有六條車輻的堅固輪子。

另外，還首次製造出射箭車★。

★射箭車：西元前8世紀左右，由亞述人製造。

船也與戰爭有關。在戰爭中速度非常重要，靠上下兩層長槳來提高速度。

在船的前後做出尖銳的角，以攻擊敵船。

美索不達米亞不使用貨幣。

先以物易物，不行的話再用金屬交換。

為了方便交易，出現了標準的度量衡。

用鴨子形的秤砣來測量金子等貴金屬的重量。

用身體的一部分來充當長度單位。

英寸

腕尺

英尺

腕尺是英尺的1.5倍。

腕尺：約495mm

【番外篇】考古學家如何發現蘇美人？

縱觀科學史就能知道，新事物的發現都有跡可循。

例如，德國的動物學家、進化論者「海克爾」認為人類由猿猴進化而來。

人類和猿猴的差別很大。類人猿應該出現在猿猴進化成人類的過程中。

你有什麼證據嗎？

雖然我還沒有找到證據，但總有一天會真相大白的。

那我就替這種類人猿取個好聽的名字吧。就叫「直立猿人」★。

★直立猿人又稱為直立人。

1892年在爪哇島發現的類人猿化石，與海克爾描繪的類人猿復原圖極為相似。

類似這樣的推理也發生在美索不達米亞。

在美索不達米亞的考古發掘過程中，發現了巴比倫和亞述國家的遺跡。

然而，當時研究楔形文字的學者遇到了困難。

太奇怪了。巴比倫和亞述等閃米特人的語言中，不可能出現這種文字啊。

一定是其他種族的人發明的！

沒道理啊。如果你的論點正確，為什麼找不到他們居住的痕跡？

難道有人傳授閃米特人這種文字嗎？這也沒道理啊！

證據！只要有證據就可以了。有心證，但是沒有物證啊。

雖然沒有找到其他種族存在的痕跡，

但這個理論逐漸被接受。

想來想去，還是你說的對。

是吧？

學者就為這個種族取了名字，

叫做「蘇美」。

蘇美文明終於被發現了。

太好了！我就知道這裡一定有東西。

考古學家薩爾澤克

我要在這裡挖一挖！不用擔心。

好像有東西！！！

喀啦

好像是西元前300～400年的文物。真是歷史悠久。

哇 太厲害了

我是對的吧？科學還是戰勝了一切！

從此以後，古代的眾多城市遺址和文物陸續被挖掘出來。

人類透過科學推理★，再一次認識了歷史悠久的古代文明。

★也叫作外推法，是根據過去和現在的發展推斷未來的方法。

古代美洲的科學發展

中斷的歷史與文明

古代美洲背景故事

古埃及和西亞文明昌盛的時候，美洲文明也在發展。

在中美洲，最早出現的是奧爾梅克文明。

奧爾梅克文明以墨西哥灣為中心，出現在美洲大陸開始栽種玉米之後。

大約是在西元前900年到西元300年左右。

以玉米為主要糧食，玉米也是生存的基礎。

有了生存基礎，文明才會萌芽。趕快過來除草！

這些文明如何產生還不能確定，但有一說是部分蒙古人越過白令海峽後逐漸形成的。

他們可以徒步越過亞洲和美洲之間的海峽。

此時正是海水結冰的冰河期。

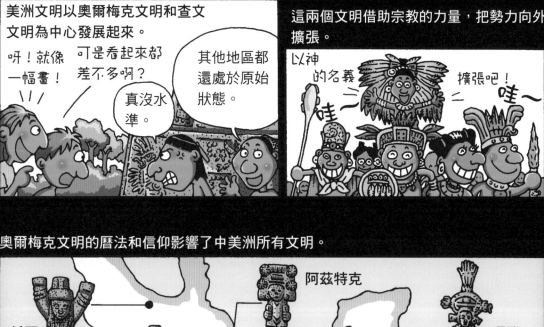

美洲文明以奧爾梅克文明和查文文明為中心發展起來。

呀！就像一幅畫！

可是看起來都差不多啊？

真沒水準。

其他地區都還處於原始狀態。

這兩個文明借助宗教的力量，把勢力向外擴張。

以神的名義

擴張吧！

哇

哇～

奧爾梅克文明的曆法和信仰影響了中美洲所有文明。

阿茲特克

托爾特克

薩波特克

瑪雅

查文文明則影響了南美洲的印加、莫切等文明。

莫切

昌凱

印加

16世紀中葉，西班牙軍隊入侵美洲時，

誰有暈船藥？

這裡已經建立了中央集權的國家。

建造了壯觀的金字塔和神殿，

統一了度量衡，設有大型交易市場，管理能力也很出色。

但是，尋找黃金的西班牙軍人用槍炮摧毀了這些美洲文明。

不許動！

基督教徒將許多建築視為異教崇拜，破壞了很多遺跡。

我想看看你們的歷史資料……

去那邊的石頭堆找找吧！

中美洲古代文明

神祕的阿茲特克與瑪雅

雖然不能確定蒙古人是何時移居到美洲的，

但他們在西元前11000年左右，已經占據了大部分的美洲大陸。

根據這把西元前21800年左右製造的已發現黑膽石刀來看，

應該很久之前就移居過來了。

大約西元前7000年，由於天氣漸漸變暖，人們開始以特奧蒂瓦坎峽谷為中心進行農耕。

起初栽種的玉米很小，也沒有外皮。

西元前5000年以後，開始種植有外皮的突變品種。

除此之外，還栽培大豆、智利辣椒和南瓜。

西元前2300年左右開始製造陶器。

最早的陶器是碗或水杯。

餵養牲畜則比較晚才開始。

約西元前1500年時，狗只是家畜。

那麼……狗就不住在洞裡了？

當然，狗是住在狗窩裡。

西元前900年左右，
出現了奧爾梅克文明，

他們在墨西哥灣低地建設了城市。

這裡豐沛的降水量與美索不達米亞的新月形土地不相上下。

古代文明的發祥地就在這裡。由於農業發達，人們有充分的時間和閒暇……

聚集在一起生活、舉辦各種慶祝活動，還打算建造神殿……

老想睡覺……

從出土的墓地可以看出，他們的墳墓都很精巧。

這座30公尺高的土丘，是用泥土和黏土建造的，

是座非常大的墳墓。

從中發現了翡翠飾品和孩童遺骨。

大叔，你是誰啊？

西元前800～前400年間，他們製造出了精巧的瓷器。

這是藝術品啊。

還沒講完？

還出現了貿易市場，進口鐵礦石、辰砂★、蛇紋石★和其他商品。

這種礦石可以拿來做什麼？

有人說是祕密。但其實是沒有找到紀錄……

奧爾梅克人把與生活相關的自然現象當作神明來供奉。

對農業非常重要的雨神！

缺了祂就會餓肚子的玉米神！

缺了祂就不能做飯吃的火神！

★辰砂又稱丹砂，是硫化汞的天然礦石，呈現大紅色。
★蛇紋石是矽酸鹽礦物的群組名稱，往往呈現青綠色，又有蛇皮般的紋路，因而得名。

原始自然崇拜延伸了。

這個神像造型綜合了美洲虎和人的模樣。

人們把美洲虎當成神明，希望能有美洲虎的智慧、力量和捕獵能力。

快磕頭！這樣晚上才敢自己上廁所。

好可怕

奧爾梅克文明的文物中，有個中間鑽了孔的凹面鏡。

中間有一個洞。

為什麼要鑽孔呢？

根據這個鏡子，我們可以推測出奧爾梅克人懂「反射現象」。

我也懂反射。

說不定他們還有生火用的凸透鏡。

鏡子給我，讓我來生火做飯。

遺跡中發現了巨石頭像，

是用玄武岩製造的，重達44噸，而且有好幾個。

看起來像黑人的臉。

好奇怪！和黑人的臉一模一樣，彷彿是照著黑人做的。

當時怎麼看得到黑人？

美洲印第安人是在16世紀，西方人入侵後才第一次見到黑人。

戴著頭盔的樣子也引起了大家的討論。

外形跟現在運動選手戴的頭盔差不多，

哈哈哈，好癢。

也不像是王冠，這頭盔是做什麼用的呢？

奧爾梅克人會用皮球舉行運動比賽。

參加比賽的人經常受傷,必須有保護措施。

那個頭盔似乎是給運動員使用的。

不知道石像頭上的頭盔,作用是不是跟運動員戴的一樣。

啊!好疼啊!

他們用的皮球,是用巴西橡膠樹汁製造的。

咚咚

奧爾梅克人好像還用橡膠製作衣服或膏藥。

那個時候就穿橡膠衣?

我也想知道答案。

那是祕密!嘿嘿……其實是因為沒有資料流傳下來,就別再問了。

中美洲最早擁有數字、文字和曆法的奧爾梅克文明,計算的方式很特別。

他們使用二十進位制法,用點或橫線表示數字。

—— 代表5

• 代表1

例如1566這個數字就要這樣寫。

•••	3X400＝	1200
400單位		＋
	18X20＝	360
20單位		＋
•	6X1＝	6
1單位		1566

這種算數方法和曆法計算法經瑪雅人繼承後,變得更加精巧。

曆法也使用二十進位制。

金

巴克屯

維納爾

1天是金,20天是維納爾,360天叫作屯……20屯為1卡屯,20卡屯為1巴克屯。

一個月20天,一年則是13個月又5天。

西元前300年左右，瑪雅文明首先出現在中美洲的叢林地區。

有的學說認為瑪雅人是奧爾梅克人的後裔。

帕！

他們從大約西元前100年到西元900年支配著猶加敦半島。

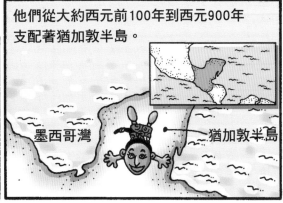

墨西哥灣

猶加敦半島

瑪雅人崇拜祖先，

天降橫財！

一定是你家祖墳風水好。

認為統治階層和貧民的差異，是因為出身不同。

國王是神的兒子。

古代王族都這樣恐嚇人民。

有可能是真的啊，因為王族的個子很高。

因為吃得好才長得高吧。

瑪雅文明的宇宙觀既原始又守舊。

認為大地就是巨大荷花池裡的蜥蜴或者鱷魚的背，

世界中心有一棵巨大的樹，上面覆蓋著13層天空，

地下還有跟美洲虎神有關的9層世界。

113

瑪雅人的宗教很殘忍，
但也很貼近生活，

神最喜歡的祭品就是人類。

噓！神會聽到的。

救命啊！！

建築也跟宗教相關。

只有建得金碧輝煌，神才會高興。

要讓神高興。

是，把路再拓寬點。

瑪雅最大的城市蒂卡爾在西元500年左右
發展到頂峰，面積達20平方公里。

居民超過5萬人！

中央有神廟！

聳立著60多公尺高的金字塔。

這裡的金字塔有著傾斜的階梯，上方聳立著雞冠狀的房頂。

牆用堅固的石頭堆疊起來，

外面用石膏厚厚的塗上，然後再刷成紅色。

啊！

金字塔不僅僅是神殿，還兼有巨大的日曆和太陽鐘的功能。

瑪雅文明滅亡幾個世紀後，有些瑪雅城市偶然被發現，

嗚嗚～

有一天，我在密林裡迷了路，到處徘徊時，

忽然被東西絆住腳，摔倒了，

……

別哭，站起來。乖喔！

一抬頭，正好和被樹木擋住的石像眼對眼了。

瑪雅的另一大著名城市「帕連克」也是這樣被發現的。

我是索里斯神父。我正和家人一起尋找能定居的地方。

腿好痠！

肚子好餓。

我得休息一下。

快看這裡！這裡有座古建築物！

看到四層樓高的天體觀測台，人們大吃一驚。

古代有這麼厲害的建築技術嗎？

沒有賣紀念品的地方嗎？

好多蚊子啊！

嗚

遺跡中發現的碑石上刻有象形文字。

好精緻的花紋啊！

瑪雅人真是偉大的藝術家。

一開始，科學家沒想到這些花紋是文字。

這個……好像沒有什麼意思。

好像有點連貫性。到底是不是文字呢？

這個符號很像牙痛時包著頭的樣子。

或許就是牙疼的意思……

學者將這個象形文字解釋為國王登基。

好奇怪？怎麼看都像是牙痛。

以現代人的想法去看，一輩子也理解不了。

…

從西元300年左右，瑪雅人用象形文字留下的紀錄來看，

文字差不多齊全了吧？

現在就等著該記錄的事情發生了。

主要是記錄天文觀測結果和歷史事件。

終於有事情可記了

當時可表達的也是非常抽象的單詞和文字。

瑪雅人沒有留下數學和天文學理論方面的資料，

真的找不到理論資料啊！

是不是資料都遺失了呢？

學者在曆法和日蝕的紀錄中發現了瑪雅的計算方法。

给你。

謝謝。

曆法繼承了奧爾梅克人的單位。

巴克屯
卡屯
屯

還繼承了薩波特克人的曆法，以52年為一個週期。

我的也給你。

52年為一週期

薩波特克人知道365天的週期不準確，計算出只有經過52年才會重複同樣的日子，

所以才以52年為一週期。

轉了32圈了！

還在轉啊……

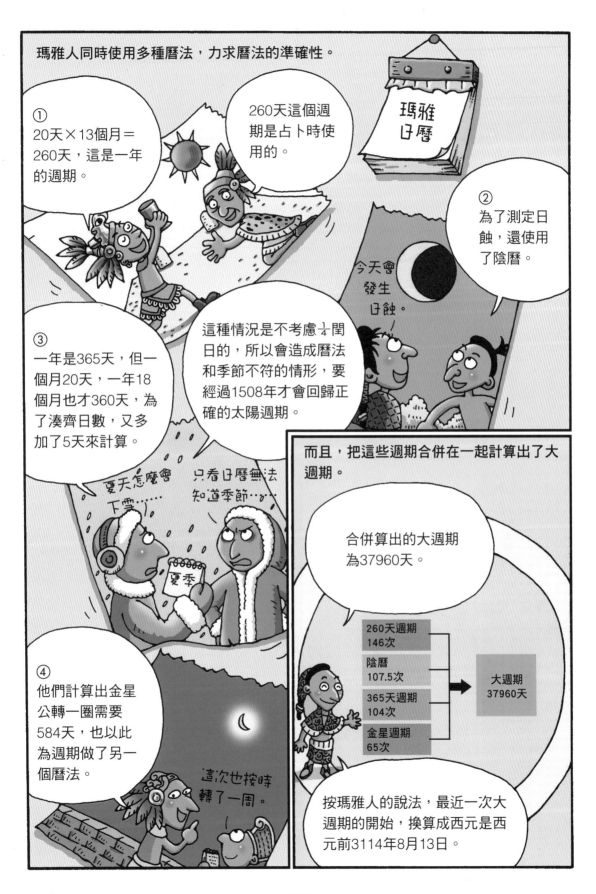

等一下！使用好幾個曆法就是為了準確記錄歷史？

對！

曆法多了不是更容易混亂嗎？

雖然能仔細記錄歷史是很好啦……

學習起來也不容易……

只使用365天週期的話，

當需要計算閏年和閏月時，日期可能會有很大的差異。

閏年

因為365天週期中，每四年會少一天，所以設了閏年補回來。

例如你要查某年某月某日的日蝕紀錄……

按部就班的計算閏日的話，還可以正確的逆著向上查。

平年　閏年

但是像西方的格里高利教皇★，要一下子計算好幾年的時候，

日子的計算可能會發生根本性變化。

我也搞不清楚了……

★格里高利教皇：現今使用公曆的發明者。

再加上一年的長度和一個月的長度不同，日子的差別不就更大了嗎？

你前面好像說瑪雅的一個月是20天。

31 260 30 13

所以好幾種週期一起用。即使一個出錯了，也可以透過別的改回來。

啊……各種曆法都得學了？

西元800年左右，瑪雅文明開始衰退。

好可惜啊！

我們原以為可以永遠繁盛，還制定了大週期。

我還辛辛苦苦的學了那麼多週期。

瑪雅文明的影響力還沒有消退，許多新文明就產生了。

前輩好！

先來關注一下西元900～1519年，非常繁盛的托爾特克文明。

托爾特克人原本的發展程度只有新石器後期。

我們一概不用金屬。因為我們還處在新石器文明之中啦。

不過飾品還是有用一點鐵。

也不用牲畜搬運東西。為什麼呢？

因為還處在新石器文明之中啦。

其實是不會用。

農耕技術的發展提高了農業生產效率。

在低地發展精緻農業需要很多勞動力。

在高處造梯田，發展粗放農業則不需要多少人手。

繼承了瑪雅人的曆法和宇宙觀。

一五一十的繼承？要是錯了怎麼辦？

這個……前輩的知識太多了……

有自己的文字。

還沒有紙張，是剝下無花果樹的樹皮再弄薄，最後在上面寫字。

中美洲最後一個興盛的古文明是阿茲特克文明。

我們是太陽神選擇的民族。

別說了，快收拾行李吧。

阿茲特克人原本是游牧民族，由族裡的巫師帶領，從北邊往南遷移，

別走了！腳都腫了。

神說還要再走一會兒。

他們一直走到特斯科科湖，在那裡建造了首都特諾奇提特蘭。

這裡不錯啊！雖然眼前是湖泊，但如果在湖水中間建一個城市的話，就可以安心生活，不用擔心被侵略了。

真的嗎？可以卸下行李了嗎？

苦難終於結束了！

阿茲特克人的土地不適合農耕。

只有水缺少土地，怎麼耕種啊？

不是有湖水嗎？

於是他們採取了浮園耕作法。

先在沼澤地打上柱子，再鋪上好幾層的水草和土。

然後在周圍種上柳樹，讓土地不塌陷。

浮園之間留出窄窄的水路，可以乘著獨木舟來回工作。

這樣建造出來的浮園土地肥沃，除了農作物外，還可以栽培花朵和草藥。

但是，浮園能種植的作物很少。

除了玉米，我也想吃別的東西啊。

大約從14世紀開始，阿茲特克人發動戰爭，征服了中美洲大部分地區，強行要求弱小部族納貢。

你們必須進貢這些東西，知道嗎？

特諾奇提特蘭是阿茲特克人的地理和政治中心。

他們利用跟浮園類似的原理，建造了龐大的水上城市。

平整寬闊的道路、巨大的神殿和市場等，真是個偉大的城市！

西班牙征服者發現了當時特諾奇提特蘭的完整地圖。

太讓人吃驚了。

只要把跟陸地相連的四條路封起來，就是個無法攻陷的要塞。

阿茲特克人也和前述文明一樣，深受宗教的影響，所以城市都是以大神殿為中心建造的。

左邊是雨神殿，右邊是戰爭神殿。

信奉的都是實用又符合實際情況的神。

但是，阿茲特克人的信仰相當殘忍。

很久以前，曾有過四次不同的太陽時代，而且都滅亡了。

現在被稱為第五次太陽時代。

古老的故事？

如果太陽的力量消失了，世界也會跟著滅亡。

而且，太陽的末日也剩不了多久了。

這是恐怖故事嗎？

請問，太陽能不能不死？

不能。

那可以延長太陽的壽命嗎？

這個，或許……只要加強太陽神的力量。

怎麼加強？讓祂進補嗎？

沒錯！就是獻上生命的源泉「心臟」。

聽起來好可怕啊……

阿茲特克人為了抓到足夠的俘虜當祭品，發動了很多場戰爭。

除此之外，球類遊戲也被賦予了宗教意義。

球象徵太陽和月亮，

競技場象徵宇宙。

敗方的選手要作為祭品來紀念太陽的勝利，真是十分血腥的比賽。

阿茲特克人使用太陽曆，因為跟他們的信仰密切相關，

世界上找不出比太陽還強大的傢伙了。

一年365天，18個月。

52年定為一個世紀。

刀　雨
花　鱷魚

這是阿茲特克人表示一個月前四天的象形文字。

阿茲特克人治療疾病的方法摻雜咒術。

你先吃吃看～

這碗藥可靠嗎？

這個藥真的很有效。

醫生、治療師、接生婆都是女性。

用動物的肉和礦物製藥。

還經常使用草藥。

都靠在家做飯練出來的本事。

蒸氣療法也是治療方法之一。

在浴室滾燙的牆上噴水製造水蒸氣。

阿茲特克人大多在家裡建了蒸氣室。

為了洗淨身體、淨化心靈，他們經常洗澡。

阿茲特克人的階級劃分森嚴。

就算衣服不同，放屁的味道也應該差不多吧。

根據職業和階級不同，穿的衣服也不一樣。

王族　神官　戰士

身分也是世代繼承的。

一代為王，永世為王。

因為我們是神的子孫。

我覺得你們很無恥。

阿茲特克人的文物中找到了一個狗形的玩具。

狗是引導死人順利進入天國的動物，

因此我們經常把這種狗的玩具放進墳墓裡。

他們雖然知道輪子，但實際生活中好像不使用。

這只是個玩具。

在棍子或刀上鑲嵌黑曜石作為武器。

知道這個有什麼用？

黑曜石，就是火山噴發產生的玻璃質石頭。

不在意

強大的阿茲特克帝國滅亡得相當迅速。

可說是一眨眼就煙消雲散了！

這是哪個國家的諺語？

他們相當懼怕擁有槍炮的西班牙征服者。

轟隆隆～

轟轟～

哇呀！

原以為那個黑棍子沒什麼可怕……

它突然噴出火來，讓大家亂成一團。

阿茲特克人失敗的主因是，他們把征服者科爾特斯當成了羽蛇神魁札爾科亞特爾。

他長得跟傳說中的羽蛇神實在是太像了。

白皙的皮膚、捲翹的頭髮，連絡腮鬍都完全一樣。

雖然不知道是怎麼回事，但目標輕易就達成了。

西班牙征服者故意挑起阿茲特克人的內部分裂，

你們打一架看看。

……

他們拚命掠奪黃金。

好東西都是我們的，嘿嘿～

喂！多拿些金子來！我們的病得用金子才能治好。

這個雕像好漂亮啊！

別管什麼藝術了！趕緊熔了！

西班牙人與基督教的傳教士一起，

把這些偶像都拆了！

神父！您不能這樣做啊！

拆毀了神殿和城市，終結了阿茲特克文明。

我們的命運和其他大部分美洲大陸的文明相同。

125

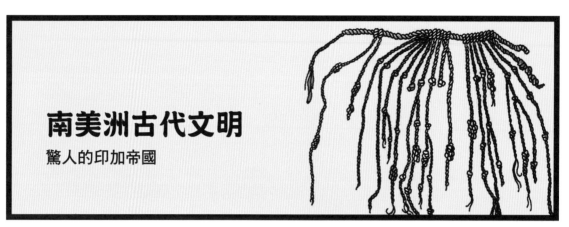

南美洲古代文明

驚人的印加帝國

南美洲的人類，在西元前3500年左右開始定居。

我們真的走了好遠的路啊！

我們超有耐力的。

他們大約在西元前2100年製造出麻布和瓷器。

南美洲古文明其中一個特徵，就是這些華麗的布料。

古代的南美洲，有兩個文明同時發展。

查文文明

帕拉卡斯文明

並衍生出了好幾個文明。

奇穆文明

瓦里文明

的的喀喀湖

蒂亞瓦納庫文明

之後更出現一個統一的強大帝國。

就是我們印加帝國。我們的領土很大的。

當然，因此吃的也很多。

印加人在大約西元前600年開始製作木乃伊。

對待祖先應該恭敬。

當然！只有這樣才能受到保佑。

用土覆蓋的話，祖先會不會覺得無法透氣？

有了！不把他們埋在土裡，而是做成木乃伊。

金屬工藝也很發達。

作品都被西班牙人搶走了，沒剩幾個。

使用鐵製槓桿。

用金屬製造的其他東西？……沒了。

金屬主要用在裝飾品上。

使用木棍做成了秤，但好像不知道原理。

我們只想要解決問題，沒有理論。

這種事不必大聲說出來。

為了治理廣大的國家，需要強化國王的權力，

你們要對印加（偉大的國王）忠誠，那麼……呃……

所有的事情都由我來解決！

以及設置有效的管理機構。

我們這些貴族，被稱為國王的代理人。

我們的象徵標誌，就是巨大的耳環。

我們的工作是按照國王的命令徵稅和管理軍隊。

為了統治好帝國而統一了語言，

討厭！
混蛋！

都只能說奇楚瓦語。

罵人也要用奇楚瓦語。

還規定了度量衡的標準。

度量衡要怎麼規定啊？

那麼……我們來創造吧。用身體的一部分作為標準，如何？

這就是印加的標準度量衡。

首先，手的長度是「拃」。

還有兩臂的長度「丈」。

測量土地時用這麼長的棍子。

這個是用來測量水深。

這個有趣吧？用步幅來測量距離。

好啊。那測量遠距離的時候用6000步(約7.2公里)，稱為「土幅」，你覺得怎樣？

土幅……不錯喔。

那麼，用土幅為標準，修建一條路當作紀念吧？

印加修建了兩條縱向的道路。

另一條路則是連接山區的山脊。

一條路連接海岸。

又修建了很多條橫向道路來連接這兩條路。

這個形狀很像梯子吧？

對啊。

路上處處建有金字塔式的要塞和倉庫。

要是有旅店就更好了。

那些是為了方便軍事行動而修建的。

每隔一段距離都設有聯絡兵，

接著！

啊！這是什麼呀？

啪！

士兵一邊跑一邊快速的傳遞訊息。

呼呼呼～那是今天早上剛抓的魚。國王要吃，趕緊傳送，不能讓魚失去鮮度。

知道了。

不用有輪子的車，

好像還不知道輪子的存在。

沒必要說出來嘛。

重物都是由人背著搬運。

主要是以這個姿勢來搬運。

你們沒有養家畜嗎？

有啊，像是「鴕鳥」或「無峰駝」都有養。

載重物會有壓力，要是牠們患上圓形脫毛症就糟了。

可是，養家畜是為了取牠們身上的毛……

還是人來搬運比較好。

用石頭建造的印加建築物非常出色。

石頭疊得十分密合，中間連刀片都放不進去。

雖然沒有輪子、滑車、金屬工具可用，但人們會把比自己還大的石頭分開搬運。

他們怎麼做到的，至今還是個謎。

印加人懂得用繩子造橋，而且技術非常獨特。

坐在籃子裡讓人拉過去就行了。

媽媽！

不要！我怕！

那就閉著眼過去。

印加人使用名為「奇普」的結繩進行計算。

60公分左右打一個結。

用以記錄並表達人口、穀物、其他物品等許多事項。

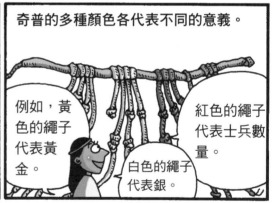

奇普的多種顏色各代表不同的意義。

例如，黃色的繩子代表黃金。

紅色的繩子代表士兵數量。

白色的繩子代表銀。

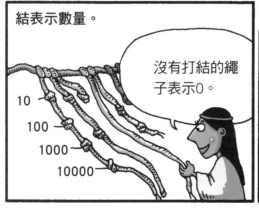

結表示數量。

沒有打結的繩子表示0。

10
100
1000
10000

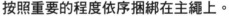
按照重要的程度依序捆綁在主繩上。

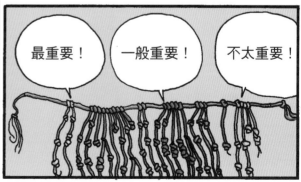

最重要！

一般重要！

不太重要！

印加是以農業為主的社會。

要先生存才行嘛，對吧？

……

由於印加的土地不適合耕種，需要好好管理。

而管理就需要很多人手。

在梯田上進行集約農業★，修建水渠引入河水。

★集約農業也稱精細耕作，在農業上採取各種手段、投入大量人力、物力，以取得最大產出。

沒有鐵製的農具，主要使用木頭做的木鏟。

這裡是馬鈴薯的原產地。馬鈴薯後來傳到歐洲，拯救了無數飢餓的歐洲農民。

如果沒有馬鈴薯，我就餓死了。

也就是從這時開始，馬鈴薯成了主食。

印加醫學中，首推的就是使用「開顱術」進行外科手術。

簡單的說，就是在頭骨上開個洞，對頭內進行治療。

從有著癒合傷口的頭蓋骨來看，

當時已經擁有非常發達的技術。

印加人主要使用太陽曆，

每三年會出現第13個月來調整日期。

除此之外，還同時使用以季節為基礎的另一個曆法。

我們的一週是10天，

一個月是30天。

一年是12個月，在此基礎上添加舉行宗教儀式的5天，以365天為一年。

印加的一年從夏季開始，

由於這個地區位於南半球，夏季是在12月，

也就是在西方的12月過新年。

為了計算日期而觀測太陽。

我們站在首都庫斯科中央廣場的祭台上觀察太陽的高度。

只有好好計算日期，才能順利進行農耕。

印加的宗教跟南美洲的其他文明類似。

我們的祭品也是人。

但是祭品不能有傷口，所以不會折磨他們。我們比較善良。

都差不多吧。

被西班牙征服者輕易攻陷的過程也很類似。

內亂，再加上⋯⋯

把入侵者當成神。

我們有20萬大軍，卻被200人打敗了，真丟臉啊！

美洲的眾多古文明讓人非常吃驚，而這些古文明因為歷史中斷，許多資料沒有完全闡明，留下了很多未解之謎。

有的讓人驚訝，

有的太愚昧，所以⋯⋯

整理不出頭緒，是吧？

對！

【番外篇】拋棄城市的瑪雅人

隨著瑪雅城市遺跡陸續被挖掘出來，人們對它們越來越感到驚訝。

沒想到當時的瑪雅帝國這麼漂亮和偉大。

能正確使用天文學和曆法，更讓人驚訝不已，

但是最讓人吃驚的事情是，瑪雅人為什麼要拋棄一座完好的城市呢？

拋棄？

一般發現的古代遺跡，不是因為被外敵侵略，就是因為當時發生了什麼事情，讓人們無法繼續生存下去。

所以當時逃難的人們會把無法帶走的東西埋到地下。

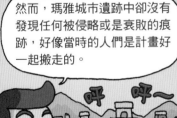

然而，瑪雅城市遺跡中卻沒有發現任何被侵略或是衰敗的痕跡，好像當時的人們是計畫好一起搬走的。

呼 呼～

然而從其他城市的遺跡中，考古學家又發現了一件奇怪的事情。

解讀和推算瑪雅人建造建築物的日期，發現他們是從一座城市搬到另一座城市，一段時間後又搬到另一座城市。

他們為什麼要這樣搬來搬去呢？

學者為了解開謎底費盡了心思。

為什麼呢？是傳染病嗎？

最後，謎底被解開了。

當時居住在城市中的瑪雅人，主要以農耕為生。

他們為了擴大農耕土地，把城市外圍的樹木全部砍掉。

然而，樹木驟減，一下大雨就會發生水災。

還會發生土石流，人們的生存環境變得越來越困難。

但是人們為了做飯、生火取暖，仍舊需要大量砍伐樹木。

這樣一來，城市周圍的樹木都被砍光了。

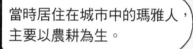

隨著樹木消失，生存於其中的動物也不見了、農地逐漸被惡劣的天氣破壞。

最後，這個城市變成了不適合居住的地方。

大家整理好行李，這裡已經不適合居住了……

建造出雄偉建築和發達文明的瑪雅人，最後被迫搬離原居住地。

這也是人類史上第一件因為破壞環境，影響到生存的事件。

我們當初不該破壞環境的……

保護環境不該只是口號。如果現代人不引以為戒，說不定有一天也會像瑪雅人一樣，不得不放棄地球……

4

古希臘時代的科學發展
從哲學概念演化的科學基礎

古希臘時代背景故事

在古代文明中，希臘最明顯的表現了西方的基本精神。

城邦國家壯大的同時，希臘人發現土地嚴重不足。

進軍海外開拓殖民地。

透過對外貿易，強化了開放意識，還引進了新的文化。

利用從殖民地抓來的奴隸，

建立了不完全的民主制度，

雖然不完全民主，但是傳播了政治自由的討論和思考方式。

小亞細亞科學家

什麼是萬物的根源？

> 萬物的根源是什麼呢？

希臘殖民地廣泛分布在地中海東部的小亞細亞地區。

由於東西方貿易熱絡，這裡的自由思想很早就萌芽了。

自由思想也擴展到科學，人們開始重視觀察和經驗。

當時的探索都是國家委派那些無名作者的成果。

但是從那時開始，出現了可以知道作者是誰的制度。

> 那就叫學問實名制！

第一個人物就是「泰勒斯」。

> **泰勒斯**
> （西元前624？
> ～前546？）

西元前7世紀，希臘人致力於合理說明自然現象。

生物是從哪裡來的呢？

世界是由什麼組成的呢？

為什麼我常常肚子餓呢？

泰勒斯是第一個不用神明來回答這類問題的人。

萬物的根源？

對了，是水！

為什麼偏偏是水呢？

因為生物缺了水就無法生存！

水

所有生物的體內都有水，沒有水就會死亡消失。

生物　　　水乾了就死了　　　消亡

水可以變換成萬物皆有的三種形態。

冰→固體　　　水→液體　　　水蒸汽→氣體

他的理論有自己的一套完整邏輯。

那麼，地球是什麼樣子的？

在水上漂浮的平坦圓盤。

嗄！這麼堅硬的大地怎麼能漂浮起來？

如果不是漂浮而是固定的話……

怎麼會發生地震呢？

這個……

地震是因為熱水從地球周遭海域湧出，造成搖晃而產生的。

哎呀！那傢伙怎麼會知道這麼多？

聽說他年輕時在埃及一邊做生意，一邊學習了很多東西。

泰勒斯充分運用了從埃及和美索不達米亞學到的知識。

各國神話中，水神的力量都很強大，這說明水很重要。

要更深入研究水。

他從埃及學習了幾何學並把它帶到了希臘。

雖然埃及的數學沒有理論，但是好用就好。

另外，他利用美索不達米亞的日蝕和月蝕週期，預測了日蝕的發生。

日蝕是和平的徵兆。

這是結束長達六年的米底亞和呂底亞戰爭的契機。

泰勒斯的另一件軼事，則表現了他對於知識的實用能力。

泰勒斯太不實際了。

一點都不關心怎麼賺錢，只在沒用的東西浪費時間。

賺錢……

明年天氣不錯，橄欖會豐收。

泰勒斯把橄欖壓榨機借來，放到了家裡。

天啊！你把橄欖壓榨機都借來了，是想做什麼？

如他所料，第二年橄欖大豐收，人們只好按照泰勒斯所定的高價來租用壓榨機。

怎麼辦！不趕緊把橄欖榨油就會爛掉的。

沒辦法，只能去向泰勒斯租借了。

看到了吧？只要我想，就能賺到錢。

不過我的夢想不只是賺錢。

泰勒斯之後的阿納克西曼德，

阿納克西曼德
(西元前610～
前546)

他對於萬物本源有更充分的想法。

萬物的根本要素，不是像水那樣肉眼可以看到的東西。

是一種雖然看不見，卻是無限的某種東西。

那個無限的東西以自己的力量做漩渦狀運動、製造事物。

熱的、輕的空氣向邊緣移動，

冷的、重的往中間落下，形成地球。

地球的外形是個短圓柱體，只有一個面上住著人。

不要推！

所有的動物都是海水和陽光相遇而創造出來的。

合體！

人類是魚的後代。

呀！我的祖先！

太陽和月亮是火的光環，被空氣包圍著。

啊！真暖和～～

空氣中有個管狀的通道，光順著這個通道出來。

他認為，日蝕和月蝕、月亮的圓缺，都是因為這個通道的角度不同。

月亮傾斜的模樣。

啊哈！

他的理論是先提出假說，再研究結果，

1.假說。可能是……

藉以解釋那個時代能夠知道的所有事實。

2.證明。天啊！真的是那樣啊！

另外，他是第一個畫出地球整體地圖的人。

還描寫了人類生活的地區和過去人類生活的情形。

第三個學者阿那克西美尼是阿納克西曼德的徒弟，他的宇宙觀跟泰勒斯很相似。

阿那克西美尼
（西元前？～前525？）

他關注空氣的變化。

觀察並提出假說。

嘴張得小一點呼氣時，空氣是冷的；張大嘴慢慢呼氣的時候，空氣是熱的。

可以說空氣被壓縮就變冷，

不被壓縮就變熱。

空氣被壓縮變成水，水被壓縮變成冰。

相反的，水蒸發變成空氣，空氣變得更加稀薄就成為火。

空氣存在於任何地方，穿透所有的物質。

而且，事物沒有空氣無法生存。

他對於基本要素如何產生事物的說明和之前的學者不同。

萬物的基本要素不就是空氣嗎？

雖然空氣太小了，我們看不到，但它是實際存在的。

另外，他認為狀態改變引起物質變化。

因此，整個宇宙的呼氣創造出了事物。

這個時期的學者，對於狀態變化有很多研究。

水沸騰的話就變成了氣體！這真是太神奇了！

出生於殖民地愛非斯的赫拉克利特雖不屬於小亞細亞學派，但也是關注狀態變化的學者。

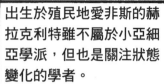

他把自然界的一切，看作是不安定的流動。

我把腳浸在流動的溪水中。但我絕不可能把腳放在同樣的溪水裡洗浴兩次。

因為溪水不斷流動，現在的溪水跟之前的不一樣了，而且我也在不斷變化，所以也不是剛才洗腳時的我了，因此……

我們看到的一切東西只是瞬間的動態，沒有東西是永恆的。

美女如果老了也就不美了。

因此，事物的本質應該從變化中尋找。

不要再兜圈子了，直說吧！基本要素到底是什麼？

當然是這個，火！

當時的人們認為，火熬乾了會變成水，再熬乾了就變成土。

火？

對！火常常自己運動，甚至還會使別的事物發生變化，也變成火。

因此，他把火想得很重要。

為什麼？只有火嗎？

赫拉克利特還用火來解釋天體。

天體就像裝著火的杯子。

他解釋了為什麼太陽和月亮看起來是橢圓形的。

太陽和月亮看起來不一樣，是因為面向我們的杯口方向不同。

小亞細亞的科學家之中，對後代影響最大的學者是畢達哥拉斯，他出生於薩摩斯島。

畢達哥拉斯
(西元前582～前497)

當時，薩摩斯受希臘的影響很大，實行僭主政治★。

不滿僭主政治的畢達哥拉斯搬到了克羅頓。

我討厭僭主政治……真讓人生氣！！！

★僭主政治：以非法手段取得政權者(僭主)建立的獨裁統治。

他傳播擁護貴族政治的理論，建立了畢達哥拉斯學派。

畢達哥拉斯學派是具有宗教性質的政治團體，也接受女性會員。

禁慾和簡樸生活是我們的守則。

→ 光腳

他鼓勵信徒在研究宗教戒律的同時，也研究音樂和數學。

「數」中所呈現的「和諧」是宇宙的真理。很美吧？

和當時很多學者一樣，畢達哥拉斯也曾去埃及和美索不達米亞旅行。

旅行之中受到數字的強烈刺激。

因此，畢達哥拉斯得出以下結論：

萬物的根源是「數」。

所有事物都能用數來表示，沒有數就不能了解任何事物。

太陽也按照數的法則圍繞宇宙旋轉，只能以數來掌握。

數是永遠不變的，卻是變化產生的原因。

怎樣？前後非常吻合吧？

畢達哥拉斯又進一步探索了許多數的領域。

先來看一下音樂。不知道音樂為什麼這麼神祕吧？

排簫

樂器的弦或音箱各具有一個音，

叮
噔
咚

若把長度減少一半，音高會提升一個音階。

以12：8：6的比例縮減音箱長度，就會形成最和諧的和弦。

8

畢達哥拉斯將這個觀點運用到幾何學，試圖尋找和諧。

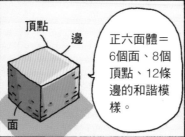

頂點
邊
面

正六面體＝6個面、8個頂點、12條邊的和諧模樣。

他認為直角三角形三邊之數的關係很重要。

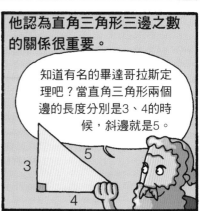

知道有名的畢達哥拉斯定理吧？當直角三角形兩個邊的長度分別是3、4的時候，斜邊就是5。

3
5
4

直角三角形兩直角邊的平方和等於斜邊的平方。

多麼美妙啊！讓我們找一找類似的情況吧！

畢達哥拉斯把數當成了絕對的神。

還進行了很多研究來驗證。

他首先發現了「多角數」。

多角數，是指在平面上把小石子排列成正三角形的樣子。

在這些數字中，他找到了自己的法則。

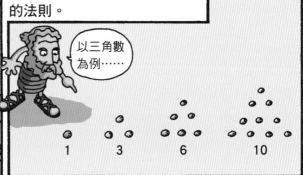

以三角數為例……

1   3   6   10

當三角數一邊的個數是
1、2、3、4的時候，

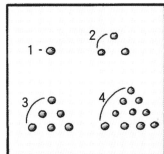

1 · ●
2 ●
3 ●●●
4 ●●●●

這些數加在一起是1＋2
＋3＋4＝10，所以他認
為這很神聖。

10是最完
美的數。

多角數中除三角數以外，還有四
角數、五角數等等。

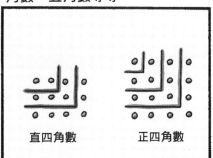

直四角數　　　　正四角數

他還找到了「完全數」，

把自己的約數★
全部加起來得到
的數等於自己。

6的約數1＋2＋3＝6
28的約數1＋2＋4＋7＋14＝28

★約數：又稱「因數」，是對於整數n，除n而無餘數的整數。

以及「親和數」。

284的約數
　1＋2＋4＋71＋142＝220
220的約數
　1＋2＋4＋5＋10＋11＋20＋22＋44＋55＋110＝284

一個數字的約數
全部加起來得到
的值等於另一個數的
時候，這兩個數稱
為親和數。

所以220和284
是親和數。

幾何學方面，他畫出了
所有的面和所有的角都
相同的正多面體。

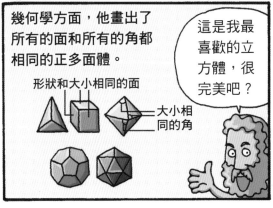

形狀和大小相同的面

大小相
同的角

這是我最
喜歡的立
方體，很
完美吧？

他很重視有5條邊的五角形，認為
它是自己的象徵。

把五角形對
角線交叉，
形成星星的
時候，

1.6
1.6
2.6
0.6
1

各對角線交
叉的點就形
成黃金分割
點。

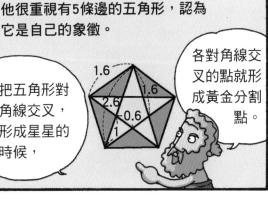

黃金分割，是指分割線段的
時候，線段小的部分(A)與大
的部分(B)的比率，等於大的
部分(B)與整體長度(A＋B)的
比率。

A　　　B

A:B＝B:(A＋B)＝1:1.6848

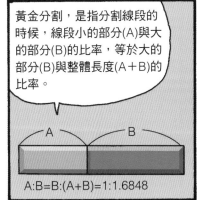

希臘人很重視這個
比率，還在建築中
大量使用。

畢達哥拉斯學派最重要的定理
是畢達哥拉斯定理。

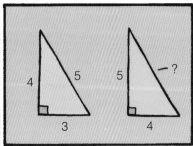

4　　5　　　5　　　?
　　3　　　　　4

當他們了解到不能用整數表示所有的數時，

這種情況下，斜邊的數不是整數。

6.4031242...

5

4

害怕數學的基礎會發生動搖。

有的數竟然不是整數，真讓人生氣。

我們認真研究一下，證明這不是真的。

因此，他們對數進行了很多的研究。

證明整數勝

畢達哥拉斯學派甚至把數的法則運用到宇宙中。

行星的數量只有8個？不對！

為了宇宙的完整性，行星數量應該是完美的數，10個才對！

實際上就是只有8個。

嗯……

他們為了湊成10個行星，提出了「中央火」和「反地球」的概念。

就是要硬湊成10個。

就是這樣！

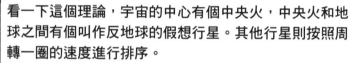

看一下這個理論，宇宙的中心有個中央火，中央火和地球之間有個叫作反地球的假想行星。其他行星則按照周轉一圈的速度進行排序。

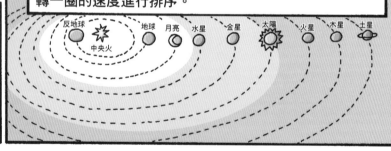

反地球　中央火　地球　月亮　水星　金星　太陽　火星　木星　土星

他們比較準確的掌握了行星的排列順序。

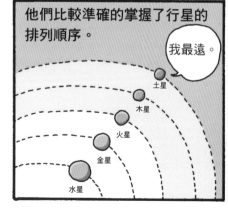

我最遠。

土星

木星

火星

金星

水星

他們認為地球是圓的。

這是觀察消失在水平線上的船而發現的。

地球和其他行星一樣，在固定的軌道上旋轉，是一個行星。

my~
way♫~

150

因為對數與和諧的頑固信念，他們把行星軌道定為最單純的曲線。

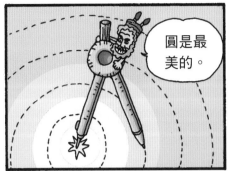

圓是最美的。

用音樂來解釋天體的運動，

行星的運動是為了形成天上的音樂。這些音樂人類聽不到，只有神能聽到。

這就是他們創造出複雜的行星運行系統的原因。

我的弟子更進一步的發展了這個理論。來，說給大家聽吧。

點頭

菲洛勞斯
（西元前470？～前400？）

因此也有人說反地球理論是菲洛勞斯創造的。

反地球以與地球相同的速度在中央火周圍旋轉。

太陽光是中央火的反射光，

中央火的影子照在太陽和月亮上形成日蝕和月蝕。

反地球　地球　太陽

中央火

（白天）

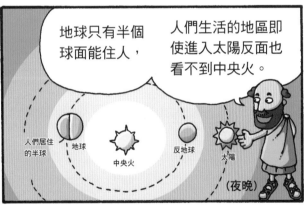

地球只有半個球面能住人，

人們生活的地區即使進入太陽反面也看不到中央火。

人們居住的半球　地球

中央火

反地球　太陽

（夜晚）

畢達哥拉斯學派的理論建立在對數的熱愛上。

用理論牽強的解釋，當然會有侷限。但是將數字從實用研究提升到科學研究，卻也是不小的成就。

呀～

151

古希臘科學家

奠定西方文明的基石

起源於小亞細亞的科學方法影響了整個地中海地區。

科學的方法怎麼樣？嗯？嗯？

這是因為學者經常外出旅行並獲准移居他鄉。

阿那克薩哥拉
（西元前500？～前428？）

阿那克薩哥拉出生於小亞細亞克拉佐美尼，20歲移居雅典。

雅典
→克拉佐美尼

他是一個追求完美、邏輯性強的人，

為了統一至今為止所有的理論而努力不懈。

宇宙根本沒有變化！

不！只有透過變化才能創造事物。

應該能找到更加合理闡明自然的東西。

既是永恆存在又能運動的東西。

我討厭吵鬧！嗯嗯

當時的交易使用貨幣。

多少錢？

一個銅板。

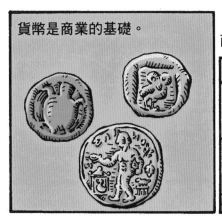

貨幣是商業的基礎。

而他想找出科學思想的基礎。

宇宙中有無數粒子。

但它們只是單純的存在，所以宇宙既不運動，也不會發生變化。

→本源(粒子形狀)

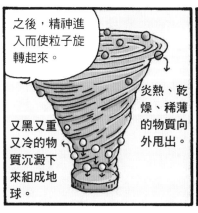

之後，精神進入而使粒子旋轉起來。

炎熱、乾燥、稀薄的物質向外甩出。

又黑又重又冷的物質沉澱下來組成地球。

粒子甩出時發生的摩擦使太陽和星星發熱。

哎呀！好暈啊！

我也一樣

太陽(燃燒的石頭)　星星

阿那克薩哥拉的思想影響了原子論。

原子論是指事物的基本單位，

不是火或水之類的概念，而是實際存在的微小單位。

這時，出現了一位堅決反對變化的學者。

巴門尼德
（西元前515？～前445？）

他想證明事物的本質。

可以證明的東西應是實際存在的。

因此，所有事物的本質應該是「存在」。

存在，就是不變的、永恆的。

當然，還有非存在。

那就是什麼都沒有，叫作「真空」。

真空怎麼會實際存在呢？

所以，事物的本質叫作「存在」。

還有，和真空一樣不存在於世上的東西也有運動和變化。

你現在做的不是運動嗎？

還是舞蹈？

我運動？什麼時候？哪有？

剛才你明明如此這樣那樣……

你能證明嗎？

呃……這個……

即使拍照下來我也不承認……

氣死人了！我要去拿相機……

這張照片能證明我在運動嗎？

只是呈現我做這個動作的樣子而已……

這只能證明存在，不能證明運動或變化。

因此，沒有變化！

既然沒有，怎麼證明？所以宇宙的根源不能用變化來說明。

154

過去的宇宙是這樣，將來也是這樣，沒有變化。

這時，芝諾登場了。

大家注意他喔！

芝諾
（西元前490？
～前430？）

他原本是畢達哥拉斯學派的人，

後來加入我建立的愛利亞學派，成了我的弟子和朋友。

他還提出了假說，想證明我的不變宇宙觀。

這個假說太棒了，沒有反駁的餘地。

這沒什麼……

謝謝你，我的朋友！

芝諾的假說中，最著名的就是阿基里斯和烏龜的故事。

我是阿基里斯，是有名的飛毛腿。

我是烏龜。

如果我們兩個賽跑的話……

我的速度比烏龜快100倍，所以……

根本不用比。

是嗎？

要不要試試看？

155

阿基里斯在後方起跑。

預備......GO!

阿基里斯跑得再快......

只要烏龜以阿基里斯的百分之一速度前進，

烏龜就會一直在他的前面，

無論阿基里斯跑多快，烏龜都會以距離的百分之一繼續領先。

繼續反覆這個過程，無論距離再怎麼縮小，最後也不會為0。

輸了！

阿基里斯永遠無法超越烏龜。

哇！

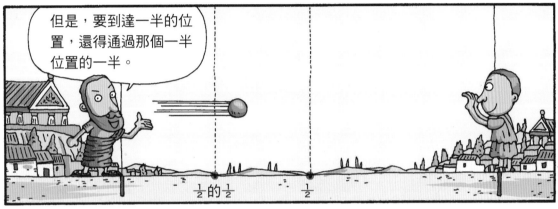

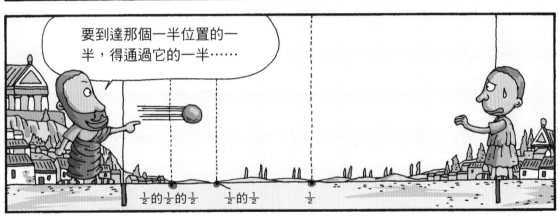

芝諾還提出一個關於箭的悖論，

箭只能夠占有自身大小的空間，

也就是說箭只能有一個位置，

箭可以同時占有兩個位置嗎？絕對不可能。

因此，占有空間的所有東西都是靜止的。

然而，飛行的箭在每個瞬間也各占有一個位置。

所以各個瞬間的箭是不動的、靜止的。

然而，每個瞬間的箭都是靜止的，箭怎麼能飛行呢？

這就是說，運動或變化是不可能發生的。

太棒了！

我說得沒錯吧，朋友？

芝諾的假說也被稱為「悖論」，因為他的話好像對，又好像不對，表現得很模糊。

因為他的悖論，很多思想家吃足了苦頭。

明明錯了，可是聽起來跟對的一樣，真搞不懂。

我手上有顆栗子。

把它扔到地上不會發出聲音。

同理，把一袋栗子倒出來也不會發出聲音，因為是把不發聲的栗子聚在了一起。

不是有聲音嗎？

這種事情明明是錯的，但在理論上卻好像是對的。

芝諾因而被許多人憎恨。

我為了這些問題都上火了！

我也是！

他對國王也這樣說，結果受到了刑罰。

把這傢伙拖出去！

芝諾到死也沒有放棄自己的想法，這讓國王相當惱怒。

他說要告訴國王一個大祕密。

是嗎？

只能悄悄告訴您！

有種說法是他咬掉了國王的耳朵……

不能這樣就死了

哎呀一

痛死了！

另一種說法是，他給了國王一本書。

裡面什麼也沒寫啊？

好好讀一下。

紙為什麼粘在一起？

嘻嘻

舔

那本書上塗了毒。你用手沾著唾液翻書，因此……

很快就會毒發身亡的。

什麼!?啊！

他就這樣報復了國王。當然，我們無法確認這是不是事實。

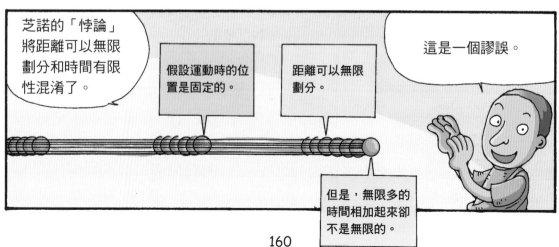

芝諾的「悖論」將距離可以無限劃分和時間有限性混淆了。

假設運動時的位置是固定的。

距離可以無限劃分。

這是一個謬誤。

但是，無限多的時間相加起來卻不是無限的。

芝諾曾想證明數的連續性。

根據畢達哥拉斯的「直角三角形定理」，出現了不能約分的數。

我討厭不能約分的數。

6.4031242...

5

4

這意味，世界上存在著不能用整數表示的數。

不可原諒！

可不可以用非常非常小的數來表示呢？

嗯？你怎麼想？

我是在時間或距離中，尋找一個單位和下個單位之間具有某種事物的人。

這個之間的、那個之間的……

1 2 3 4

因此，我認為難有剛好分開的約數。無論分成多小的單位，中間還是會有東西。

芝諾的這種假說影響了整數論和幾何學，對希臘數學發展造成重要的影響。

無論離多近，點與點之間總會有間隔。

直線是由無數的點組成？錯。

巴門尼德和芝諾的理論相當完整，排除了變化的可能性。

可是多數學者並不滿意。

怎麼說呢？就是有點怪。

在迷茫中出現了一個路標，那就是「原子論」

原子論

原子論是留基伯和德謨克利特創造的。

徒弟…

老師…

留基伯
（西元前？
～前？）

德謨克利特
（西元前460？
～前370？）

他們認為世界上只有原子和虛空，這就是原子論的出發點。

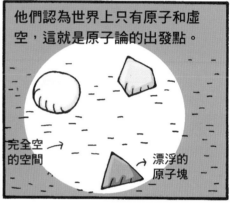

完全空
的空間

漂浮的
原子塊

原子是具有實體的物質，數量和形態無限多。

大部分太小了，所以看不到。

原子不能分割或分離。

所有原子在空間中不停的運動。

原子互相結合而構成萬物，

物質會不同，是因為原子的形態或排列方式不同。

這是土風舞式結合

這是探戈舞式結合

原子緊密結合就成為高密度、堅硬的物質。

原子距離遙遠的時候，成為柔軟的物質。

我們永不分離！

原子成為某個物體的一部分後，還繼續運動。

只是不像單獨存在時那麼活潑。

好擠喔～

不行！

我要去那邊！

啪啪啪

原子論可以說明很多問題。

例如品嚐味道、聞到氣味、看到東西或聽到聲音等，都是原子運動造成的結果。

牛郎　織女　味道的原子

嘴的原子

火和人類的靈魂都是原子組成的。

是我呀！

身體裡產生熱氣，熱氣使整個身體運轉起來。

這個熱氣就是生命力。

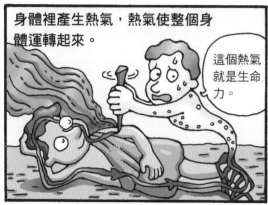

人死了以後，靈魂的原子會從肉體分離出來，

哎呀！

靈魂分離需要時間，因此屍體的頭髮和手指甲還會生長一段時間。

靈魂的原子若分散，什麼都留不下，因此沒有死後的世界，或者說人死了就沒了靈魂。

怎麼會這樣？

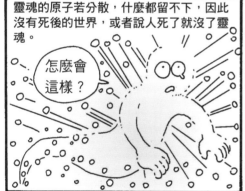

德謨克利特的這種物質觀相當具有獨創性，

精神

因為沒有形態，很難描畫。

物質

但是在希臘科學中得不到重視，

ZZ

希臘科學中，思維很重要。

一直到19世紀，原子論才重新獲得關注。

但是，德謨克利特的原子論和現代原子論不一樣。

德謨克利特的原子論是以思想為基礎，而現代原子論是以正確的測定和化學分析為基礎。

到此為止的理論都認為物質是起源於單一物質的單元論。

是空氣！

是火！

是水！

現在出現了多元論。

恩培多克勒
(西元前490？～前430？)

恩培多克勒以泰勒斯的水、赫拉克利特的火、阿那克西美尼的空氣為基礎，加上自己的土，主張四元論。

大家說得都對，為什麼要吵架呢？

這四種元素因為愛而互相結合，

由於怨恨而分開。

彼此怨恨就分手。

所有的物質都是因為四元素的結合或分離而產生，

這個樹枝堅硬時有水汽，燃燒時產生火花和熱氣，

從這些證據可推測，樹枝是四種元素結合的產物。

空氣

產生熱氣

土

堅硬

燃燒的過程中產生火花

水

燃燒的過程中消失不見

各個元素的含量決定了物體的種類。

形成骨頭的比例
火：水：土
＝4：2：2

另外，他把宇宙的發展分成四個階段。

最初四種元素結合在一起。

但由於怨恨而漸漸分離，

最後完全分離。

但是這太讓人傷心了。所以……

愛讓這四種元素分散混合組成事物。

許多層的透明天體

首先組成了宇宙，產生了圓形、透明形態的火球狀恆星。

還產生了四肢和器官，它們聚集在一起。

集合！

集合！

形成了這些怪物。

但是，這些怪物和周圍環境不協調而消失，

不應該是這種模樣。

重新分離而出現了現在的動物。

他的生物發生說和後來達爾文的進化論很相似。

為了適應自然而進化。

兩者差異在於，達爾文進化論認為生物會不斷進化，而他認為和周邊環境協調的生物進化就會停止。

我本來就沒什麼慾望。

進化之路

嘿嘿！快去！

另外，他身為醫生，

我寫的醫學書籍沒有流傳下去。

……到底放到哪了？

提出了人體內血液像退潮和漲潮一樣循環的獨創理論。

不知道側耳傾聽會不會聽到波浪的聲音。

希臘人用他們獨特的方式看世界。

我們討厭單純平凡的東西。

醫學方面也一樣。

看世界的眼光不同，治療方法也不同。

恩培多克勒學派強調空氣對於人類身體的重要性。

新鮮的空氣維持健康。

這是恩培多克勒的徒弟。

除此之外，希臘醫學中，有一學派是由曾任畢達哥拉斯主治醫生的阿爾克曼埃領導，

我們重視大腦和力量的均衡。

還有曾進行人體解剖的愛奧尼亞人創建的學派，

肝腫啦。

膽也穿孔了。

以及透過飲食治病的阿伯地諾學派。

國民體操

心理治療和身體治療我們都重視。

心痛啊！

據說希臘醫學的創始人是阿斯克勒庇俄斯，他最初被描述成人類，

在荷馬史詩中，以盲人醫生的身分登場。

但最終被描述成擁有高超醫術的神。

他試圖用醫術讓所有的人獲得永生，

放肆的傢伙

結果被宙斯的閃電擊中而亡。

雖然不知道實際上有沒有這個人，但是當時的人們都信仰他，

阿斯克勒庇俄斯神殿是當時主要的治療場所。

淨化肉體的沐浴。

做夢休息的時間。

祭司進行解夢治療。

祭司基本上不使用藥物或外科手術，

我為你祈禱了，所以你會好起來的。

留下了很多迷信的說法。

還要背誦禱告文。

要在規定的日期，於月亮升起的時候採草藥，

因為他們認為，在大地上拔草就像在睡著的老虎背上拔毛一樣，很危險。

把希臘醫學領域引入科學方法的是希波克拉底。

希波克拉底
（西元前460？～前377？）

「生命苦短，藝術長存。」「機會瞬逝，經驗誤導，判斷困難。」這些名言聽說過吧？

那就是我說的。

當時希臘醫學雖然了解了骨頭，對內臟卻不了解。

堅硬的是骨頭。

醫生為了治療就要建立人體相關的理論。

應該把類似的疾病彙整起來進行治療。

因此創造出體液理論。

血液與生命相關。

感冒時流鼻涕……

膽汁好像也很重要。

腹瀉和嘔吐時，嘔到或鬧肚子……

是透過簡單的觀察整理出來的概念。

呃……體液對人體很重要啊。體液有幾種呢？

受恩培多克勒四元論的影響，體液論發展成四體液論。

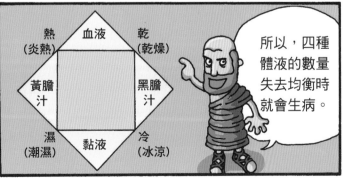

所以，四種體液的數量失去均衡時就會生病。

熱（炎熱）
血液
乾（乾燥）
黃膽汁
黑膽汁
濕（潮濕）
黏液
冷（冰涼）

嗯……大概是營養問題或氣候變化太快打破了四種體液的協調。

好餓啊……
好冷……
縮～

唉……這些病自然治療最好了。

自然治療要怎麼治呢？充分休息、吃好東西、保持心情愉快吧。

對，你按的那裡好舒服喔！

你在幹什麼？

看見了還問？給發燒的病人吃冰涼的東西啊，說是對治療有好處。

不行，不行！即使同樣是發燒，每個患者的情況也不同，怎麼能一樣對待呢？

首先要深入觀察患者的症狀和周圍的環境，再來開處方。

我是裝病……被發現了怎麼辦？

希波克拉底這種依照經驗的治療方式，逐漸把醫學從過分偏向理論的哲學或迷信中脫離出來。

太陽是……月亮是……人的身體是……

自然哲學家

是這樣的，

是那樣的。

噓！別吵。會吵醒患者的。

另外，把診療結果整理得更加細緻。

患者的血統、職業、氣候與疾病的關係。

記錄下成功治療和失敗治療。

醫學氣候學

治療記錄

強調人道的醫術，

我將要憑我的良心和尊嚴從事醫業；

病人的健康應為我的首要顧念……

現在也是醫生的象徵。

我將要尊重所寄託給我的祕密……如今，現今醫生行醫前都會進行宣誓，該內容就叫作……

「希波克拉底誓詞」。

自然哲學在恩培多克勒之後形勢衰退，此時出現了柏拉圖。

柏拉圖
（西元前427？
～前347？）

他出身於雅典的貴族家庭，原本想從事政治，

我打算……
我打算……
打算成為政治家。

在伯羅奔尼撒戰爭之後的混亂狀況中，

傳染病肆虐、糧食也見底了……政治一團亂。

在老師蘇格拉底被處以死刑後，他決心鑽研學問。

老師～～

他的老師蘇格拉底是古希臘著名的哲學家，相當有名。

不要以為知道我的名字就很了不起，還是先了解你自己吧。

他以清貧、謙虛為美德。

我知道的是……

我其實什麼也不知道，你知道嗎？

蘇格拉底反對當時大部分學者的見解，因此樹敵很多。

那幫哲學家真是不像話。
第一，收很貴的學費，害得窮學生無法學習。

第二，太死心眼了，只講究道德。

他最終被處以死刑，罪名是「使青年墮落」。

什麼……你說什麼？

但是，大叔你的話前後不合啊。

最近孩子對大人說話的語氣很跩啊。

都是蘇格拉底教的。

那傢伙真會製造問題！

蘇格拉底不是科學家。他反對科學家探尋自然的本源。

連人都不了解還要研究自然？先了解你自己吧。

他創造的邏輯問答法，造成了希臘科學只重視理論而不重視觀察的結果。

觀察・假定

抽象・理論

他死後，柏拉圖對政治徹底失望。

社會真是冷漠、危險啊！我要回歸自然。

柏拉圖在雅典西郊買了一小塊地建了學校。

聽說這裡是傳說中的雅典英雄阿加德米的土地。

因此學校名字也定為阿加德米★。

★這個詞後來成為英語的「學院」一詞

柏拉圖的阿加德米學校擁有神殿、食堂和橄欖林。

快來！柏拉圖老師在橄欖林裡講課呢。

今天來講一下「思想論」。

首先要知道的是，我們看到的、聽到的、感覺到的東西都不是真的。

看這朵花！它很快就會枯萎了。

但是，不能因為這朵花枯萎了、看不見了，就說「花」消失了。

因此，我們可以這樣來區分。花，有它根本的存在，以及它根本存在的影子，那影子就是我們看到的花⋯⋯

花

根本的存在 → 不完整的影子

根本的存在：任何情況下都不會出現變化。但是人們感覺不到。

樹　人　雲

世界就是由根本的存在和影子組成的。

然而，真正的存在，憑感官是感覺不到的，只能用心感覺。這正是思想的世界。

而且，科學真正的目的是探究和理解思想。

既然我們的感官無法感覺到本質的東西，

哦，天吶！

因此，試驗和觀察都沒必要。

那只會把我們引到錯誤的方向。

以這樣的思想論為基礎，柏拉圖最熱愛的學科是數學。

因為數學沒有感官感覺錯誤的情形，它是有法則的。

柏拉圖的數學深受畢達哥拉斯學派的影響，雖然沒有新的發現，

例如：沒有大小的點，以及沒有寬度的線，

實際上是不可能存在的，

但是他確切的整理了數學的基本概念，讓它與實用數學有著明顯區別。

從思想論來看的話就可以解決了。

所謂點線，即使看不到也是存在的。

對柏拉圖來說，數學是進行邏輯訓練的基礎手段。

數學是神賦予的特殊知識，讓我們能夠探求思想。

從下面的故事中，我們可以看出他多麼重視數學。

欸!?

不懂幾何學的人禁止入內。

阿加德米

幸福指數又不是照數學成績來排名的。

早知如此就該努力學習！

171

柏拉圖想用幾何學的延伸理論來解釋天文學。

天體及天體的運行應該是永恆的，就像思想一樣。

運行的樣子應該是完美的形狀，即圓形的運動。

因此，他構想的天體完全是幾何學的模樣。

呃……不規則的行星運動也可以解釋成圓的組合。

柏拉圖的宇宙觀也深受畢達哥拉斯學派的影響。

還記得「天體做規則運動，恆星運動時發出天國的音樂」嗎？

他支持四元素論。

天體材料：火

飛禽材料：空氣

水中動物材料：水

地上動物材料：土

柏拉圖想出的大宇宙和小宇宙論，

→ 大宇宙 複雜的世界

→ 小宇宙 反應大宇宙的複雜

對中世紀歐洲人的影響很大。

但由於他不重視觀察和試驗，導致西方在16世紀為止科學停滯不前。

柏拉圖是偉大的哲學家，並大大影響了數學的發展，卻對科學發展毫無幫助。

不行！

禁止外出觀察

現在，柏拉圖的弟子出現了。

雖是柏拉圖老師的弟子，但是沒有跟他學習很長時間。

歐多克索斯
（西元前408？～前355？）

歐多克索斯出生於愛奧尼亞的尼多斯，學習了幾何學和醫學。

雅典

尼多斯

歐多克索斯很聰明，但家裡貧窮繳不起學費，而上了阿加德米學校，

謝謝老師。

很好。好好學習啊。

海外旅行也是朋友幫忙湊錢才去成的。

埃及

這是喜歡數學和幾何學的人必去的地方。

後來歐多克索斯回到愛奧尼亞建立學校，教授學生。

今年的學科
・幾何學
・數學
・天文學
・神學

校內教授這些科目。

作為科學家，他比柏拉圖更出色。

青出於藍

比老師還出色。

為了計算圓錐和球的體積，他提出把立體無限分割，先計算出各個小部分的體積，

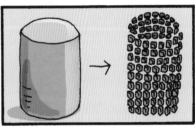

再將所有部分加總的方法。

但是……

為了規定出過程中，無限分割的小部分的明確定義，

說是小部分……該多小呢？

他首次發現2000年後，以「積分」聞名的重要數學概念。

歐多克索斯還研究了球和圓的幾何學，

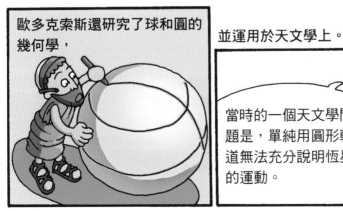

並運用於天文學上。

當時的一個天文學問題是，單純用圓形軌道無法充分說明恆星的運動。

那會讓恆星看起來有時向前，有時又向後運動。

歐多克索斯以「一個點為中心運行的許多個天球」來說明這個問題，這就是「同心球理論」。

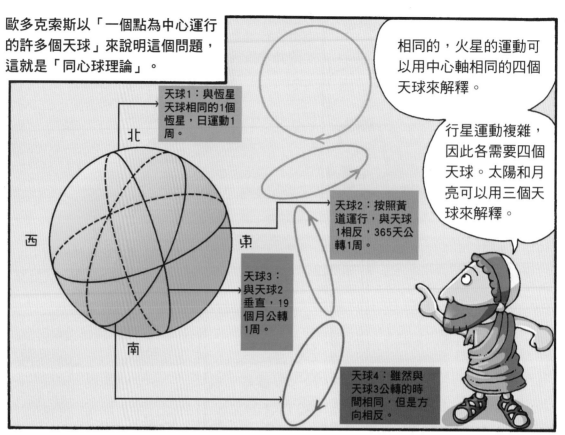

相同的，火星的運動可以用中心軸相同的四個天球來解釋。

行星運動複雜，因此各需要四個天球。太陽和月亮可以用三個天球來解釋。

天球1：與恆星天球相同的1個恆星，日運動1周。

天球2：按照黃道運行，與天球1相反，365天公轉1周。

天球3：與天球2垂直，19個月公轉1周。

天球4：雖然與天球3公轉的時間相同，但是方向相反。

北

西

東

南

歐多克索斯獨創的天文學理論到了中世紀發展為透明天球概念。

小心，會碎的。

天球說的意義，在於用數學解釋了行星的運動。

數學的解釋幾近完美。因此，我的理論在很長時間裡受到歡迎。

接著來認識一下希臘科學界最重要的人物。

亞里斯多德
（西元前384～前322）

亞里斯多德出生於馬其頓宮廷醫生家庭，之後進入柏拉圖的阿加德米學校學習。

我的學生中，他最聰明。

臭小子！別再看了，休息一下。

柏拉圖一去世，他就離開學校回去馬其頓。

再見，雅典。

為什麼要走？他不是阿加德米學院最聰明的學生嗎？

學習能力不如他的斯珀西波斯，因為是柏拉圖的侄子，成了學校繼承人。

最近馬其頓和雅典的關係不好，他也許感覺到了危險。

他當上了亞歷山大王子，也就是後來的亞歷山大大帝的老師。

王子就拜託你了。

老師好。

亞歷山大繼承王位後，亞里斯多德又回到了雅典，

這個地方不錯啊。

沒錯。這裡是最適合建學校的地方。

他建立了名為萊錫姆的學校，教學方式為在庭院裡一邊散步一邊進行對話

很有韻味吧？所以大家都叫我們「逍遙學派」。

噓！

因此……是誰在嚷嚷？

這個學校有圖書館、博物館和動物園等設施。

為了了解自然，有必要收集具體的事物。

當時，征服世界的亞歷山大大帝親自為他收集物品，還提供經費。

真新奇，老師也許會喜歡，拿去送給他。還要多給他一些錢，別讓他為錢困擾。

他在萊錫姆的13年間，研究了所有的學問和知識領域。

我掉進書海了，快把我拉出來！

心理學
氣象學
經濟學
自然學
倫理學
天文學
生物學
邏輯學
形上學
政治學

亞里斯多德從老師柏拉圖的思想中獨立出來，很關心自然界。

透過思考就可以知道宇宙的樣子。

老師，好像不太對啊。

特別是在生物學上取得了偉大的成果。

生物研究中重要的是觀察。我建立了觀察生物並分類的體制，

把它叫作「自然的階梯」。

不過就是個梯子……

首先，要根據生物的複雜程度來劃分。

假設我在路上遇到狐狸和蛇。

這樣的話……

🥚 比 🦊
(卵生) (胎生)
更單純，

複雜

為什麼要這樣？我們是朋友啊。

我要問幾個問題。請說出你所屬的種類和出生方式。

我是爬蟲類，卵生。

我是哺乳類，胎生。

來，狐狸到複雜的生物那邊去，蛇到單純的生物那邊去。

單純

這樣分類後的動物，根據靈魂的發展可以分為四個階段。

人類除了具有「營養靈魂」、「感覺靈魂」，還有「理性靈魂」，因此，可以進行邏輯思考。

人的靈魂活動最完整。

動物具有「營養靈魂」和「感覺靈魂」，所以能夠運動和感知。

人類
哺乳類
鯨魚類
爬蟲類和魚類
章魚和墨魚類
昆蟲
高等植物
低等植物
無機物

據說我們只有「營養靈魂」，只能攝取營養進行繁殖。(植物類)

為什麼我們沒有靈魂？是討厭我嗎？(無機物)

我承認動物的生長變化，

是能夠這樣發展的。

但是不承認從低等階段向高等階段進化，

上來幹嘛？

哇！他認為向上發展是不可能的。

不能稱為完整的進化論。

我生活的時代，等級制度原本就很嚴格。

哼！

另外，亞里斯多德用圖表整理了540餘種動物。

放到哪裡了？哎呀！乾脆做成圖表。

這個分類非常科學，所以一直沿用到18世紀。

首先，我從「血是紅色的」這個想法開始分類。

將動物大致分為「沒有血的動物和有血的動物」。

即使在蚯身上扎個洞，也不會出現紅色的血。只

不能放過那個傢伙……

我製作出了這兩張圖表。

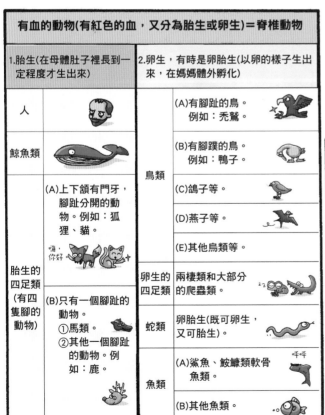

有血的動物(有紅色的血，又分為胎生或卵生)＝脊椎動物

1.胎生(在母體肚子裡長到一定程度才生出來)	2.卵生，有時是卵胎生(以卵的樣子生出來，在媽媽體外孵化)	
人	鳥類	(A)有腳趾的鳥。例如：禿鷲。
鯨魚類		(B)有腳蹼的鳥。例如：鴨子。
胎生的四足類(有四隻腳的動物) — (A)上下頜有門牙，腳趾分開的動物。例如：狐狸、貓。 嗨，你好		(C)鴿子等。
		(D)燕子等。
		(E)其他鳥類等。
(B)只有一個腳趾的動物。①馬類。②其他一個腳趾的動物。例如：鹿。	卵生的四足類	兩棲類和大部分的爬蟲類。
	蛇類	卵胎生(既可卵生，又可胎生)。
	魚類	(A)鯊魚、鮟鱇類軟骨魚類。 呼呼
		(B)其他魚類。

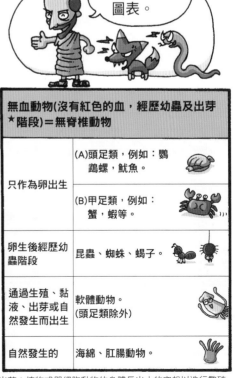

無血動物(沒有紅色的血，經歷幼蟲及出芽★階段)＝無脊椎動物

只作為卵出生	(A)頭足類，例如：鸚鵡螺，魷魚。
	(B)甲足類，例如：蟹，蝦等。
卵生後經歷幼蟲階段	昆蟲、蜘蛛、蠍子等。
通過生殖、黏液、出芽或自然發生而出生	軟體動物。(頭足類除外)
自然發生的	海綿、肛腸動物。

★出芽：植物或單細胞動物的身體長出小的突起以進行繁殖。

亞里斯多德的生物學成就很大。

生物是原子的運動。

按照他的理論，無法了解各種生物。

例如，海豚生下幼豚，然後在胎盤裡培養。

嗯……這是有毛動物才有的特徵。應該把海豚劃分到有毛動物那邊。

你怎麼知道的……

他的觀察相當準確，有的甚至在千年之後才得到證實。

亞里斯多德是對的。

太了不起了。那時候還沒有顯微鏡，他怎麼……

這要歸功於解剖了。只觀察外表是不夠的。

動物挺可憐的，但為了研究不得不這樣做。

不過，他的研究只著重在動物上，

植物方面只研究實用的。

人體不能解剖。

因此對人體產生了一些錯誤的認知。

把神經和血管弄混了。

認為心臟比腦子重要吧。

喂！別再說我的丟臉事蹟了。快來說說文學吧。

老師認為宇宙是以地球為中心的56層巨大同心圓。

還記得歐多克索斯的同心球理論嗎？

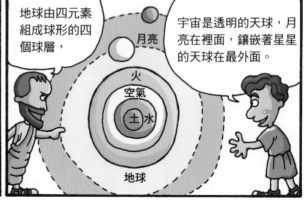

地球由四元素組成球形的四個球層，

宇宙是透明的天球，月亮在裡面，鑲嵌著星星的天球在最外面。

月亮

火
空氣
土 水

地球

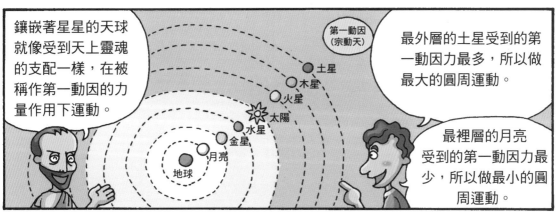

鑲嵌著星星的天球就像受到天上靈魂的支配一樣，在被稱作第一動因的力量作用下運動。

第一動因（宗動天）

土星
木星
火星
太陽
水星
金星
月亮
地球

最外層的土星受到的第一動因力最多，所以做最大的圓周運動。

最裡層的月亮受到的第一動因力最少，所以做最小的圓周運動。

地球所有東西都是由四元素構成的，都會經歷出生、成長、消亡的過程。

天上的天體經過數百年還是維持原來的樣子。

天界的構成物質與地球不同，由五種元素構成，比地球多了第五元素「乙太」。

天界……

乙太 乙太 乙太 乙太 乙太 乙太

天界沒有什麼神奇的變化，只是做永久的圓周運動。

雖然有流星或彗星等運動的星體，但它們都處於月亮下面的世界，所以也不能看作是天界的變化。

這些東西不屬於天文學，而是屬於雲、霜等氣象學的研究領域。

亞里斯多德把所有變化的原因分為四種。

首先我們來看這塊泥土。這塊泥土現在起，成為製造器皿的「質料因」。

我們看到泥土就會想到用它來製造器皿，這種想法就是器皿外形造成的「形式因」。

是做碗好呢？
還是做杯子好？

製作碗的行動是「動力因」。

想要製作碗的意圖是「目的因」。

老師認為這四種「因」適用於所有的自然現象。

啊,這裡有隻小狗。

這隻小狗是怎麼出生的呢?答案就在這裡!

母狗的卵子（質料因）

公狗的精子（形式因、目的因）

出生（動力因）

是的!自然創造的東西都是有目的的。

想理解自然,就要接近其目的。

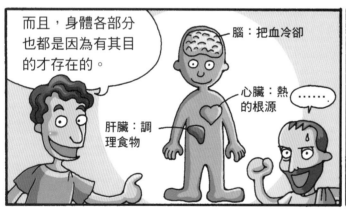

而且,身體各部分也都是因為有其目的才存在的。

腦:把血冷卻

心臟:熱的根源

……

肝臟:調理食物

這傢伙,學得很不錯嘛!

喜歡我嗎?

好了,現在該來解決實際問題了。

水為什麼往下流呢?火花為什麼向上冒呢?

這個……因為水有向下流的目的……

說得詳細一點!四元素原來占有什麼位置?

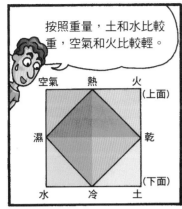
按照重量，土和水比較重，空氣和火比較輕。

空氣　熱　火（上面）
濕　　　　乾
水　冷　土（下面）

這就是符合本性的自然場所。

因為水在自然場所的下面。

我去上面。

水往下流，火花在自然場所的上方，所以向上冒，

我要向下。

物體處於自然場所，就會安定下來維持靜止狀態，

處於其他狀態時，就會透過運動來滿足其本性。

聽明白了的話，你也趕緊回到自然的位置吧。

我？去哪裡？

你的書桌前啊。你還得再多學一點。

哼！可是……

贏了！

我的老師雖然很偉大，

但是下級必須服從上級的觀念太強了，

有時候也不太科學。

啪！

因為我說實話，就這樣對我嗎？

我只是做了物體的強制運動示範。

強制運動？怎麼偏偏在我經過的地方……

這個嘛，是巧合。你來看看這個。給物體一個力，發生了作用，力量漸漸變弱，

再變弱，直到力量消失，然後接受自然運動的力而直線下落。

物體的運動速度跟重量成正比，

體重重已經很傷心了，還讓我掉得快。

與介質的密度成反比。

窒息了……

空氣稀薄處，降落得比較快。

假如介質的密度為零、沒有阻礙，物體的運動速度就會變成無限快。

誰來阻擋我一下啊！

但是，無限快的速度是不可能存在的。

也就是說，空氣密度為零的狀態，即真空，不可能存在。

自然討厭真空。

你怎麼還沒回到書桌前？沒看到我日夜在做研究嗎？

知道了。去就是了嘛。

不要玩了，去念書！

其實，亞里斯多德老師的理論，

影響力沒有古希臘時代的柏拉圖那麼大。

但隨著12～13世紀歐洲基督教勢力的不斷增強，

基督教用他的理論作為證明宗教權威的手段，

成為科學發展的絆腳石。

討厭！

亞里斯多德死後，泰奧弗拉斯托斯擔負起領導萊錫姆學校的責任。

泰奧弗拉斯托斯
（西元前372？～前287？）

他與亞里斯多德一起進行了二十多年的研究，

老師！我找到18年前那個問題的答案。

是嗎？給我看看。已經18年了呀？

他並沒有全盤接受亞里斯多德講授的知識，

對於老師教導的知識也持懷疑的態度。

而是有自己的見解。

這就是做學問的真正態度。

知道了，知道了，我不會生氣的。說說看你有什麼疑問。

首先，老師說天體的外部天球受到第一動因而公轉。

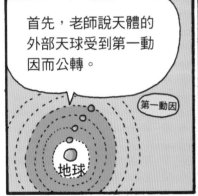

第一動因

地球

依靠同樣力量公轉的天體怎麼可能有不同的速度呢？

嚇

還有，如果生物是為了適應環境而進化，

為什麼鹿還擁有對自己有害的角呢？

再嚇

哎喲～看來是我太老了！

即使我不在了，你也要專心研究。

老師，你不能走。我還有很多疑問……

他透過尖銳的批判更進了一步，

嘿！

哎喲！

在至少三個領域開拓了新的學問。

科學史
礦物學
植物學

自然哲學家的思想
礦物學報告書
關於植物

其中最傑出的是植物學，他利用直接收集後得到的情報，研究了大西洋、地中海和印度的550種植物和變種。

他為什麼要追他？

是泰奧弗拉斯托斯在追人吧？他不停追問旅行時看到的植物，太讓人厭煩了。

嘖嘖……跟他的老師一樣，想知道的東西太多了。

別再問了！

站住！

雖然設備不足，但是泰奧弗拉斯托斯的觀察大部分都很正確。

他把植物分為四種。

喬木
樹幹粗且直，高大的樹。

小喬木
比喬木矮，比灌木高的樹。

灌木
比較矮，主幹和樹枝區別不明顯的樹。

草本
軟且水多，不形成木質的植物。

也研究野生和人工培植變種間的差異，

野生玫瑰的刺更多。

還研究樹木形成樹林的樣子。

嗯，這片樹林裡年輕的樹更多啊。

他進行了精密的研究，所命名的用語在現代生物學中也被大量使用。

果皮
(子囊)

裸子植物和被子植物。

裸子植物(種子顯露的植物)

被子植物(種子隱藏的植物)

17世紀為止，對於單子葉植物和雙子葉植物的說明，我是最正確的。

和亞里斯多德的研究方式相比，

按照靈魂出現這種現象……

請等一下，老師。

泰奧弗拉斯托斯認為科學的觀察更重要。

那樣分析，容易遺漏很多特徵。

最大限度的收集特徵，比先下結論更好。

換句話說，證據不足時，就無法下結論。

嘿嘿！

科學史

植物的特徵

礦物的特徵

都結束了，怎麼還不讓我退場？

科學史

植物的特徵

礦物的特徵

喂！你來整理一下古希臘科學史吧。

我？

對，就是你！你不是比較了古希臘的科學家嗎？

這樣啊？

刷刷～

古希臘科學史

首先，希臘科學史的特徵……

那個呀，就是如此這般……

是以簡單方式說明複雜的現象。這也是科學的基本態度。

這種態度讓數學和幾何學獲得了發展，

宇宙法則
＝
數學法則

古希臘的記數方法，是在27個希臘字母上各畫一條線來表示。

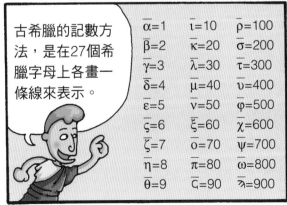

$\bar{\alpha}=1$	$\bar{\iota}=10$	$\bar{\rho}=100$
$\bar{\beta}=2$	$\bar{\kappa}=20$	$\bar{\sigma}=200$
$\bar{\gamma}=3$	$\bar{\lambda}=30$	$\bar{\tau}=300$
$\bar{\delta}=4$	$\bar{\mu}=40$	$\bar{\upsilon}=400$
$\bar{\varepsilon}=5$	$\bar{\nu}=50$	$\bar{\varphi}=500$
$\bar{\varsigma}=6$	$\bar{\xi}=60$	$\bar{\chi}=600$
$\bar{\zeta}=7$	$\bar{o}=70$	$\bar{\psi}=700$
$\bar{\eta}=8$	$\bar{\pi}=80$	$\bar{\omega}=800$
$\bar{\theta}=9$	$\bar{\varsigma}=90$	$\bar{\lambda}=900$

雖然使用上不方便，但數學依然獲得了很大的發展。

實用的計算一點也沒有進步。

因為只研究了數和圖形的本質。

是的，因為實用計算是用手寫的，所以遭受輕視。

希臘雖然科學和哲學興盛，但由於奴隸制度，

看不起用手做的工作，因此技術不容易得到發展。

即使如此，他們還是發明了軍艦。

速度要快，

依靠帆！

依靠兩排槳！

…
…

有了織布的「紡織機」，

紫貝殼是用從貝殼裡得到的顏料染成的，

還有了榨橄欖油的「梁式壓榨機」。

不管怎麼說，希臘是精神盛行的時代，產生了科學精神。

也是哲學和民主政治燦爛的時代，奠定了西方人形成世界觀的基礎文明。

這個冤家！

二二得四，三三得六

快學習！

怎麼辦呢？

求求您了！

我們才剛剛進入了科學史的開端，
一起探索【漫畫STEAM科學史2】
看看更多科學家的有趣故事吧！

漫畫STEAM
科學史

從歷史演變了解科學脈動，從生活小事理解龐大科學概念

★ 韓國學校圖書館推薦 ★

★ 韓國科技部優秀科學圖書 ★

★ 韓國文化產業振興院優秀漫畫策劃獎 ★

★ 中國人民大學附屬中學教師推薦「中小學生必讀科普讀物」★

結合科學（Science）、技術（Technology）、
工程（Engineering）、藝術（Art）
及數學（Mathematics）的STEAM學習方式！

【漫畫STEAM科學史2】 2019年5月出版

希臘羅馬到古印度、伊斯蘭，奠定基礎科學知識

（中小學生必讀科普讀物·新課綱最佳延伸教材）

鄭慧溶——著 辛泳希——繪

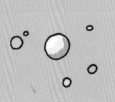

物理、化學、生物、數學、天文、地球科學……
我們為什麼要學這些科學知識？
又是誰發明了這些科學概念？

Q‧阿基米德真的可以用一個人的力量，就把船拉回岸邊？

Q‧沒有望遠鏡、太空船，古希臘人怎麼算出地球到月亮的距離？

Q‧我們現在用的日曆，居然是從凱撒大帝制定的曆法改良而成？

Q‧我們說的「阿拉伯數字」，其實是印度人發明的？

Q‧伊斯蘭人在一千多年前，就會算「三角函數」？

《漫畫STEAM科學史》用精美的圖解分析科學演
進、用可愛的漫畫讓你跟科學家一起探
索、用最完整的科學知識，帶你穿越時
空、建立科學概念基礎！

原來，科學家也可以這麼
狂、科學知識其實都是生活常
識、學習科學也可以這麼輕鬆有
趣！

哪一個科學家讓你印象深刻呢？哪一個科學大發現讓你覺得驚嘆？
寫下你覺得最有趣的一段科學故事，一起探索神奇的科學領域吧！